四川省工程建设地方标准

建筑节能工程施工质量验收规程

DB51/5033-2014

Specification for Acceptance of Energy Efficient Building Construction

主编单位：四川省建筑科学研究院
　　　　　成都市墙材革新建筑节能办公室
批准部门：四川省住房和城乡建设厅
施行日期：２０１４年１２月１日

西南交通大学出版社

2014　成　都

图书在版编目（CIP）数据

建筑节能工程施工质量验收规程 / 四川省建筑科学研究院，成都市墙材革新建筑节能办公室主编. —成都：西南交通大学出版社，2015.1（2019.6 重印）
ISBN 978-7-5643-3540-3

Ⅰ.①建… Ⅱ.①四… ②成… Ⅲ.①建筑–节能–工程质量–质量控制②建筑–节能–工程验收 Ⅳ.①TU111.4

中国版本图书馆 CIP 数据核字（2014）第 262605 号

建筑节能工程施工质量验收规程

主编单位　四川省建筑科学研究院
　　　　　成都市墙材革新建筑节能办公室

责任编辑	张　波
助理编辑	姜锡伟
封面设计	原谋书装
出版发行	西南交通大学出版社 （四川省成都市金牛区二环路北一段 111 号西南交通大学创新大厦 21 楼）
发行部电话	028-87600564　028-87600533
邮政编码	610031
网　　址	http://www.xnjdcbs.com
印　　刷	成都蜀通印务有限责任公司
成品尺寸	140 mm × 203 mm
印　　张	7
字　　数	177 千字
版　　次	2015 年 1 月第 1 版
印　　次	2019 年 6 月第 4 次
书　　号	ISBN 978-7-5643-3540-3
定　　价	44.00 元

各地新华书店、建筑书店经销
图书如有印装质量问题　本社负责退换
版权所有　盗版必究　举报电话：028-87600562

关于发布四川省工程建设地方标准《建筑节能工程施工质量验收规程》的通知

川建标发〔2014〕390号

各市州及扩权试点县住房和城乡建设行政主管部门，各有关单位：

由四川省建筑科学研究院、成都市墙材革新建筑节能办公室会同相关单位修编的《建筑节能工程施工质量验收规程》，经我厅组织专家审查通过，并报住房和城乡建设部审定备案，现批准为四川省强制性工程建设地方标准，编号为：DB51/5033-2014，备案号为：J12620-2014，自2014年12月1日起在全省实施。其中，第4.1.3、第4.1.4、第4.1.10、第4.2.3、第5.2.2、第6.2.2、第7.2.2、第8.2.2、第9.2.2、第10.2.2、第10.2.9、第10.2.11、第12.2.15、第13.2.2为强制性条文，必须严格执行。原地方标准《居住建筑节能保温隔热工程质量验收规程》（DB51/5033-2005）于本标准实施之日起同时废止。

该标准由四川省住房和城乡建设厅负责管理，四川省建筑科学研究院负责技术内容解释。

四川省住房和城乡建设厅
2014年7月25日

前 言

根据四川省住房和城乡建设厅《关于下达四川省地方标准〈居住建筑节能保温隔热工程质量验收规程〉修订计划的通知》（川建标发〔2011〕531号文）的要求，本规程由四川省建筑科学研究院和成都市墙材革新建筑节能办公室会同有关单位，在原《居住建筑节能保温隔热工程质量验收规程》DB51/5033—2005的基础上修订而成。

编制组在修订过程中，经调查研究，认真总结原《居住建筑节能保温隔热工程质量验收规程》DB51/5033—2005实施后的实践经验，参考现有关国内外标准，结合四川地区的实际情况以及发展，对原标准进行了补充和完善，增加相关章节及内容，在广泛征求意见基础上，最终经审查定稿，并更名为《建筑节能工程施工质量验收规程》。

本规程共分16章和9个附录，主要技术内容为：1 总则；2 术语；3 基本规定；4 墙体节能工程；5 幕墙节能工程；6 门窗节能工程；7 屋面节能工程；8 楼地面节能工程；9 采暖、通风与空调节能工程；10 太阳能光热系统节能工程；11 太阳能光伏节能工程；12 地源热泵换热系统节能工程；13 配电与照明节能工程；14 监测与控制节能工程；15 建筑节能工程现场检验；16 建筑节能分部工程质量验收。

本规程第4.1.3条、第4.1.4条、第4.1.10条、第4.2.3条、

第5.2.2条、第6.2.2条、第7.2.2条、第8.2.2条、第9.2.2条、第10.2.2条、第10.2.9条、第10.2.11条、第12.2.15条和第13.2.2条，以黑体字表示，为强制性条文，必须严格执行。

本规程由四川省住房和城乡建设厅负责管理，由四川省建筑科学研究院负责具体技术内容的解释。执行过程中如有意见或建议，请寄送四川省建筑科学研究院（地址：四川省成都市一环路北三段55号；邮政编码：610081；联系电话：028-83372502，028-83331213）。

本规程主编单位：	四川省建筑科学研究院
	成都市墙材革新建筑节能办公室
本规程参编单位：	四川省建筑设计研究院
	中国建筑西南设计研究院有限公司
	四川省建设工程质量安全监督总站
	成都市建设工程质量监督站
	成都市工程建设质量协会
	中国华西企业股份有限公司第十二建筑工程公司
本规程起草人：	刘 晖　程 山　于 忠　韦延年
	李晓岑　储兆佛　张仕忠　罗进元
	冯 雅　林 东　徐斌斌　余恒鹏
	张剑峰　徐 炜　甘 鹰　江海南
	魏 虹　张 红　乔振勇　谢 涉
本规程审查人：	刘小舟　张 静　向 学　秦 刚
	杨坤丽　邋特里　熊泽祝

目　次

1 总　则 ·· 1
2 术　语 ·· 2
3 基本规定 ·· 6
　3.1 技术与管理 ·· 6
　3.2 材料与设备 ·· 7
　3.3 施工与控制 ·· 8
　3.4 验　收 ·· 9
4 墙体节能工程 ·· 12
　4.1 一般规定 ·· 12
　4.2 聚苯板薄抹灰外墙保温系统 ·································· 15
　4.3 保温浆料外墙保温系统 ·· 20
　4.4 保温装饰复合板外墙外保温系统 ·························· 24
　4.5 EPS 钢丝网架板现浇混凝土外墙外保温系统 ······ 26
　4.6 砌筑墙体自保温系统 ·· 29
5 幕墙节能工程 ·· 33
　5.1 一般规定 ·· 33
　5.2 主控项目 ·· 34
　5.3 一般项目 ·· 38
6 门窗节能工程 ·· 39
　6.1 一般规定 ·· 39
　6.2 主控项目 ·· 40
　6.3 一般项目 ·· 43

7 屋面节能工程 ·· 44
　7.1 一般规定 ··· 44
　7.2 主控项目 ··· 45
　7.3 一般项目 ··· 47
8 地面节能工程 ·· 48
　8.1 一般规定 ··· 48
　8.2 主控项目 ··· 49
　8.3 一般项目 ··· 50
9 采暖、通风与空调节能工程 ································· 51
　9.1 一般规定 ··· 51
　9.2 主控项目 ··· 51
　9.3 一般项目 ··· 63
10 太阳能光热系统节能工程 ·································· 64
　10.1 一般规定 ·· 64
　10.2 主控项目 ·· 64
　10.3 一般项目 ·· 69
11 太阳能光伏节能工程 ······································ 70
　11.1 一般规定 ·· 70
　11.2 主控项目 ·· 70
　11.3 一般项目 ·· 72
12 地源热泵换热系统节能工程 ································ 73
　12.1 一般规定 ·· 73
　12.2 主控项目 ·· 73
　12.3 一般项目 ·· 79
13 配电与照明节能工程 ······································ 81
　13.1 一般规定 ·· 81

	13.2 主控项目	81
	13.3 一般项目	84
14	监测与控制节能工程	86
	14.1 一般规定	86
	14.2 主控项目	87
	14.3 一般项目	94
15	建筑节能工程现场检验	96
	15.1 围护结构现场实体检验	96
	15.2 系统节能性能检测	98
16	建筑节能分部工程质量验收	101
附录 A	建筑节能检验批质量验收表	104
附录 B	建筑节能分项工程质量验收表	105
附录 C	建筑节能分部工程质量控制资料核查记录表	106
附录 D	建筑节能分部工程质量验收表	108
附录 E	建筑节能分部工程质量验收合格证明书	109
附录 F	保温系统常用材料主要性能指标	110
附录 G	保温材料粘贴面积比剥离检验方法	115
附录 H	保温板材与基层拉伸粘结强度现场试验方法	117
附录 K	建筑外门窗中空玻璃露点检测方法	120
本规程用词说明		123
引用标准名录		125
附：条文说明		127

Contents

1 General Provisions ·· 1
2 Terms ·· 2
3 Basic Requirements ·· 6
   3.1 Technology and Management ·· 6
   3.2 Material and Equipment ·· 7
   3.3 Construction and Controlment ·· 8
   3.4 Acceptance ·· 9
4 Energy Efficient Engineering of Wall ·· 12
   4.1 General Requirements ·· 12
   4.2 External Thermal Insulation Composite Systems Based on Expanded Polystyrene ·· 15
   4.3 External Thermal Insulation System Based on Insulation Mortar ·· 20
   4.4 External Thermal Insulation System Based on Insulated Decorative Panel ·· 24
   4.5 External Thermal Insulation System Based on EPS Board with Metal Net in Cast-in-place Concrete ·· 26
   4.6 Self-Insulation System of Masonry Walll ·· 29
5 Energy Efficient Engineering of Curtain Wall ·· 33
   5.1 General Requirements ·· 33
   5.2 Dominant Items ·· 34
   5.3 General Items ·· 38
6 Energy Efficient Engineering of Door and Window ·· 39
   6.1 General Requirements ·· 39
   6.2 Dominant Items ·· 40
   6.3 General Items ·· 43

11

7	Energy Efficient Engineering of Roofing	44
	7.1 General Requirements	44
	7.2 Dominant Items	45
	7.3 General Items	47
8	Energy Efficient Engineering of Floor and ground	48
	8.1 General Requirements	48
	8.2 Dominant Items	49
	8.3 General Items	50
9	Energy Efficient Engineering of Heating, Ventilation and Air-conditioning	51
	9.1 General Requirements	51
	9.2 Dominant Items	51
	9.3 General Items	63
10	Energy Efficient Engineering of Solar Energy Photothermal System	64
	10.1 General Requirements	64
	10.2 Dominant Items	64
	10.3 General Items	69
11	Solar Photovoltaic Energy Efficient Project	70
	11.1 General Requirements	70
	11.2 Dominant Items	70
	11.3 General Items	72
12	Energy Efficient Engineering of Ground-source Heat Pump Heat-exchanger System	73
	12.1 General Requirements	73
	12.2 Dominant Items	73
	12.3 General Items	79

13　Energy Efficient Engineering of Power
　　　Distribution and Lighting ·· 81
　　13.1　General Requirements ·· 81
　　13.2　Dominant Items ·· 81
　　13.3　General Items ·· 84
14　Energy Efficient Engineering of Monitoring and Control ······· 86
　　14.1　General Requirements ·· 86
　　14.2　Dominant Items ·· 87
　　14.3　General Items ·· 94
15　Site Test of Energy Efficient Subsection Engineering ········ 96
　　15.1　Site Test of Building Envelope ·································· 96
　　15.2　Performance Test of Energy Efficiency System ············ 98
16　Quality Acceptance of Energy Efficiency Building
　　　Construction ·· 101
Appendix A: Record Table of Inspection Lots for
　　　Quality Acceptance of Energy Efficiency
　　　Building Construction ·· 104
Appendix B: Record Table of Sub-item Projects for
　　　Quality Acceptance of Energy Efficiency
　　　Building Construction ·· 105
Appendix C: Verification Record of Quality-control Data for
　　　Quality Acceptance of Energy Efficiency
　　　Building Construction ·· 106
Appendix D: Table of Part Projects for Quality
　　　Acceptance of Energy Efficiency Building
　　　Construction ··· 108

Appendix E: Certificate of Part Projects for Quality Acceptance of Energy Efficiency Building Construction ··· 109
Appendix F: Main Material Properties in Thermal Insulation System ··110
Appendix G: Testing Method on the Ratio of Bonding Area of Insulation Materials ···························115
Appendix H: Site Testing Method on Bonding Strength between Substrate with Thermal Insulation Material ··117
Appendix K: Testing Method on the Dew Point of Insulating Glass Unit in Window ······························· 120
Explanation of Wording in This Standard ····························· 123
Normative Standards ··· 125
Addition: Explanation of Provisions ·· 127

1 总　则

1.0.1 为了加强四川省建筑节能工程的施工质量管理，规范建筑节能工程施工质量验收，依据国家及四川省现行有关建筑节能法律、法规、管理条例的要求和相关标准，制定本规程。

1.0.2 本规程适用于四川省行政区域内新建、扩建和改建的民用建筑节能工程的施工质量验收。

1.0.3 建筑节能工程施工质量验收除应遵守本规程外，尚应符合国家、行业及四川省现行有关标准的规定。

1.0.4 单位工程竣工验收应在建筑节能分部工程验收合格后进行。

2 术 语

2.0.1 建筑节能工程 energy efficient building engineering

根据国家和四川省现行民用建筑节能设计标准的规定，对新建、扩建和改建的民用建筑进行建筑节能设计和施工的工程，称为建筑节能工程。

2.0.2 外墙外(内)保温系统 external(internal)thermal insulation systems on external wall

由界面层、结合层（粘结剂或粘结剂和锚固件）、保温层以及保护层（抹面层和饰面层）构成，涂敷、铺贴或安装在外墙基层外（或内）表面上的非承重保温构造的总称。涂敷、铺贴或安装在外墙外侧基层表面上，称为外墙外保温系统；涂敷、铺贴或安装在外墙内侧基层表面上，称为外墙内保温系统。

2.0.3 外墙内外组合保温系统 external and internal com-insulation systems on external wall

在外墙内、外表面基层上同时安装有内保温系统和外保温系统保温构造的总称。内外保温系统可以是同一种保温材料构成的保温系统，也可以是两种不同保温材料构成的保温系统。

2.0.4 砌筑墙体自保温系统 thermal self-insulation systems of external wall

由热工性能良好的自保温砖或砌块构成的墙体包括两侧抹面层及饰面层，其砌体热工性能符合现行建筑节能标准中外墙传热系数限值要求。

2.0.5 墙体基层 substrate

保温系统所依附的，由土建施工完成并经验收符合要求的墙体结构层及找平层的总称。

2.0.6 界面层 interface treating layer

涂抹在墙体基层表面上，提高基层与保温层粘结能力的构造层。

2.0.7 保温层 thermal insulation layer

由保温材料组成，在保温系统中起保温作用的构造层。

2.0.8 抹面层 rendering layer

涂抹在保温层外表面，其间有增强网，在保温系统中起抗裂防水作用的构造层。

2.0.9 饰面层 finish layer

为保护外墙保温系统、完善使用和装饰功能，采用不同装饰装修材料对墙体内外表面进行装饰处理的构造层。

2.0.10 保护层 protecting layer

保温系统的抹面层和饰面层总称。

2.0.11 太阳光总透射比 rate of total solar energy transmittance

通过外窗或玻璃幕墙透射入室内的太阳得热量（包括直接透过的太阳辐射热量和内外温差传热量）与投射到外窗或玻璃幕墙上的太阳辐射照度的比值。

2.0.12 可见光透射比 rate of visible transmittance

采用人眼视见函数加权计算得到的标准光源透过玻璃或半透明体进入室内的可见光通量，与投射到玻璃或半透明体上的可见光通量的比值。

2.0.13 遮阳系数 shading coefficient

在太阳光照射下，经外围护构件进入室内的太阳得热量与投射到外窗或遮阳外表面上的太阳辐射照度的比值。

2.0.14 玻璃遮阳系数　shading coefficient of glasses

玻璃的太阳光总透射比与相同条件下 3mm 厚普通透明玻璃的太阳光总透射比的比值。

2.0.15 外窗（或玻璃幕墙）遮阳系数　shading coefficient of windows (or glass curtain-wall)

以外窗（或玻璃幕墙）中的玻璃遮阳系数乘以折减系数表征，折减系数等于 1 减框窗（或玻璃幕墙）面积比。

2.0.16 进场验收　site acceptance

对进入施工现场的材料、设备等进行外观质量检查，以及对规格、型号、技术参数和质量证明文件核查，并形成相应验收记录的活动。

2.0.17 进场复验　site reinspection

进入施工现场的材料、设备等在进场验收合格的基础上，按照有关见证规定，从施工现场随机抽取试样，送至本省有资质检测机构进行部分性能或全部性能检验的活动。

2.0.18 现场实体检验　in-situ inspection

在见证人员的见证下，对已经完成施工作业的分项或分部工程，按照有关规定在工程实体上抽取试样，在现场进行检验或送至有资质的检测机构进行检验的活动。简称实体检验或现场检验。

2.0.19 质量证明文件　quality proof document

随同进场材料、设备等一同提供的能够证明其进场质量状况的文件。通常包括出厂合格证、中文说明书、型式检验报告及相关性能检测报告等。进口产品应包括出入境商品检验合格证明。

2.0.20 核查 check

对技术资料的检查及资料与实物的核对。包括对技术资料的完整性、内容的正确性、与其他相关资料的一致性及整理归档情况的检查,以及将技术资料中的技术参数等与相应的材料、构造、设备或产品实物进行核对、确认。

2.0.21 型式检验 type inspection

由有资质的检测机构,对企业生产的定型产品或成套技术的全部性能及其适用性所作的检验,其报告称型式检验报告。通常在其初次应用、生产工艺及参数改变、达到预定生产期限或产品生产数量时应进行型式检验。

3 基本规定

3.1 技术与管理

3.1.1 承担建筑节能工程的施工企业应具备相应的资质,建立了相应的质量管理体系、施工质量控制和检验制度。

3.1.2 建筑节能工程应按经施工图设计审查机构审查合格的设计文件实施。当设计变更有损建筑节能工程质量时,应办理设计变更手续并经原施工图设计文件审查机构重新审查合格后,按有关规定备案。

3.1.3 建筑节能工程采用的新技术、新设备、新材料、新工艺,应按照有关规定进行评审、鉴定及备案。施工前应制订专门的施工技术方案。

3.1.4 单位工程的施工组织设计应包括建筑节能工程施工内容。建筑节能工程施工前,施工单位应编制建筑节能工程施工方案,包括施工工艺、质量控制、检验措施、安全措施等,提交单位工程总承包单位审查和协调,并报监理单位、建设单位审批。施工单位应对从事建筑节能工程施工作业的人员进行技术交底和操作培训。

3.1.5 建筑节能工程质量验收的各项检测,应由具备相应资质的检测机构承担。

3.2 材料与设备

3.2.1 建筑节能工程使用的材料、构（配）件和设备等，其性能应符合国家、行业和四川省现行有关技术标准要求，并应符合设计要求。严禁使用国家、行业和四川省明令禁止使用与淘汰的材料、构（配）件和设备。

3.2.2 建筑节能工程宜优先选用通过节能认证的产品或通过节能标识的产品。公共机构建筑和政府投资的建筑应选用通过节能认证的产品和通过节能标识的产品。

3.2.3 建筑节能工程使用的材料、构（配）件和设备的进场验收应遵守下列规定：

1 应对材料、构（配）件和设备的品种、规格、包装、外观、尺寸、标识标签等进行检查验收，并经监理工程师和建设单位现场代表确认，形成相应的验收记录。

2 应对材料、构（配）件和设备的质量证明文件进行核查，并经监理工程师和建设单位现场代表确认，纳入工程技术档案。进入施工现场用于节能工程的材料、构（配）件和设备均应具有出厂合格证、中文说明书及相关性能检测报告。定型构（配）件和成套技术应有型式检验报告。进口材料、构（配）件和设备应具备出入境商品质量检验证书、中文说明书及相关性能检测报告。

3 涉及建筑节能效果的重要材料、构（配）件和设备应按照本规程各章的规定在施工现场随机抽样复验，复验应为见证取样送检。当复验的结果出现不合格时，可增加一倍抽样数量再次检验，仍不合格时，则该材料、构件和设备不得使用。

4 经产品认证或标识符合要求的材料、构（配）件和设备，进场验收时，其检验数量可以减半。在同一工程中，同一厂家、同一牌号、同一规格的节能材料连续三次进场检验均一次检验合格时，其后的检验数量可以减半。

3.2.4 建筑节能工程使用材料的燃烧性能等级和防火处理，应符合相关标准的要求及国家相关管理条例的规定，并应符合设计要求。

3.2.5 建筑节能工程使用的材料、构（配）件（部件）及设备，其有害物质限量应符合国家现行有关标准的规定，不得对室内外环境造成污染。

3.2.6 保温材料在施工使用时的含水率应符合设计要求、工艺要求及施工方案要求。当无上述要求时，节能保温材料在施工使用时的含水率不应大于正常施工环境湿度下的自然含水率。

3.2.7 保温材料、构（配）件及设备在运输、储存和施工过程中应采取防潮、防水、防火、防破损等保护措施。

3.3 施工与控制

3.3.1 建筑节能工程应按照经审查合格的设计文件和经审查批准的施工方案施工。

3.3.2 在建筑节能工程施工前，对采用相同建筑节能设计的部位和构造做法，应在现场采用相同材料和工艺制作样板间或样板件，经有关各方确认后方可进行施工。

3.3.3 对于首件样板、隐蔽工程和关键点施工以及材料现场取样、实体现场检测过程，监理工程师应旁站，并留图像资料。

3.3.4 采暖通风与空调系统、太阳能光热光伏系统、地源热泵换热系统及监测与控制系统工程中的隐蔽工程施工时,应有监理单位或建设单位旁站,且应保留详细的文字记录及不可更改的影像资料,在隐蔽前应经监理人员验收及认可签证。

3.3.5 使用有机类保温材料的建筑节能工程施工,应制订火灾消防及应急方案,并配置相适应的消防器材、警示标识。

3.3.6 建筑节能工程的施工作业环境和条件,应满足相关标准和施工工艺的要求,不宜在雨雪天气中露天施工。

3.3.7 墙体节能工程的施工,应符合下列规定:

1 保温隔热材料的厚度必须符合设计要求。

2 保温板材与基层及各构造层之间的粘结或连接必须牢固。保温板材与基层的连接方式、拉伸粘结强度和粘结面积比应符合设计要求。保温板材与基层的拉伸粘结强度应进行现场拉拔试验,粘结面积比应进行剥离检验。

3 当采用保温浆料做外保温时,厚度大于 20 mm 的保温浆料应分层施工,当保温浆料厚度大于 40mm 时,必须采取加钉挂热镀锌电焊网的安全措施。保温浆料与基层之间及各层之间的粘结必须牢固,不应脱层、空鼓和开裂。

4 当墙体节能工程的保温层采用预埋或后置锚固件固定时,锚固件数量、位置、锚固深度、胶结材料性能和锚固拉拔力应符合设计和施工方案要求。后置锚固件当设计或施工方案对锚固力有具体要求时应做锚固力现场拉拔试验。

3.4 验 收

3.4.1 建筑节能工程为单位建筑工程的一个分部工程。其主要验收部位和内容应符合表 3.4.1 的要求。

表 3.4.1 建筑节能分部工程划分

序号	分项工程	主要验收部位及内容
1	墙体节能工程	主体基层；界面层；粘结层；保温层；抹面层；饰面层等
2	幕墙节能工程	主体结构基层；保温隔热材料；隔汽层；幕墙玻璃；单元式幕墙板块；通风换气系统；遮阳设施；冷凝水收集排放系统等
3	门窗节能工程	门；窗；玻璃；隔热型材；遮阳设施等
4	屋面节能工程	基层；保温隔热层；保护层；防水层；面层等
5	地面节能工程	基层；保温层；保护层；面层等
6	采暖、通风与空气调节节能工程	系统制式；冷热源设备；散热器、通风与空气处理设备；阀门与仪表；辅助设备；管网；绝热保温材料；热力与冷站入口装置；调试等
7	太阳能光热系统节能工程	太阳能集热器；储热水箱；控制系统；管路系统（包括混水阀、花洒等配件）；辅助热源系统
8	太阳能光伏系统节能工程	太阳能电池板；逆变器；配电系统；计量仪表；蓄电池等
9	地源热泵换热系统节能工程	地埋管换热系统；地表水换热系统；污水换热系统；地下水抽水系统、地下水回灌系统；地表水抽水系统、地表水回排系统；污水处理系统；室外管网系统等
10	配电与照明节能工程	低压配电电源；照明光源、灯具；附属装置；控制功能；调试等
11	监测与控制节能工程	冷热源系统的监测控制系统；空调水系统的监测控制系统；通风与空调系统的监测控制系统；监测与计量装置；供配电的监测控制系统；照明自动控制系统；可再生能源的监测控制系统；综合控制系统等

3.4.2 建筑节能工程应按照分项工程进行验收。当建筑节能分项工程较大时，可将分项工程划分为若干个检验批进行验收。

3.4.3 当建筑节能工程验收无法按照上述要求划分分项工程或检验批时，可由建设、监理、施工等各方协商进行划分。但验收项目、验收内容、验收标准和验收记录均应遵守本规程的规定。

3.4.4 建筑节能分部工程验收资料应单独组卷。

4 墙体节能工程

4.1 一般规定

4.1.1 本章适用于采用不同保温系统的墙体节能工程的质量验收。

4.1.2 墙体节能工程应按主要验收部位和不同保温系统验收项目的要求进行施工质量验收,并应有进场验收、抽样检验、施工工程验收等完整的验收资料和必要的图像资料。

4.1.3 墙体节能工程的保温系统应采用定型产品或成套技术。保温系统应具有型式检验报告。外保温系统的型式检验应包括保温系统的耐候性、抗风压性。型式检验结果应满足国家现行标准要求。

4.1.4 墙体节能工程使用的材料进场时,应对其下列性能进行复验,复验应为见证取样送检。

　　1 保温材料的导热系数或热阻、密度、压缩强度或抗压强度、垂直于板面方向的抗拉强度、吸水率,有机保温材料的燃烧性能。

　　2 保温砌块(砖)砌体、构件等定型产品的传热系数或热阻、抗压强度。

　　3 反射隔热涂料的太阳光反射比、半球发射率。

　　4 粘结材料的拉伸粘结强度。

5 抹面材料的拉伸粘结强度、压折比。
  6 增强网的力学性能、抗腐蚀性能。

  检验方法：核查质量证明文件；随机抽样送检，核查复验报告。

  检查数量：同厂家、同品种有机保温隔热材料产品，其燃烧性能按照建筑面积抽查：建筑面积 10000m^2 以下的每 5000m^2 至少抽查 1 次，不足 5000m^2 时也应抽查 1 次；超过 10000m^2 时，每增加 10000m^2 应至少增加抽查 1 次。

  除燃烧性能之外的其他各项参数的抽查，按照同厂家、同品种产品，每 1000m^2 扣除窗洞后的保温墙面面积使用的材料为一个验收批，每个检验批应至少抽查 1 次；不足 1000m^2 时也应抽查 1 次；超过 1000m^2 时，每增加 2000m^2 应至少增加抽查 1 次；超过 5000m^2 时，每增加 5000m^2 应增加抽查 1 次。

  同工程项目、同施工单位且同时施工的多个单位工程（群体建筑），可合并计算保温墙面抽检面积。

4.1.5 当保温系统与所依附的墙体分开施工时，保温系统施工应在所依附的墙体基层质量验收合格后进行，再按本章相关条款对墙体节能分项工程进行质量验收。当保温系统与墙体同时施工时，墙体节能工程应与主体结构同时验收。

4.1.6 墙体节能工程验收的检验批划分应符合下列规定：

  1 同一施工单位采用相同材料、工艺和施工做法的保温系统，每 1000m^2（扣除窗洞面积后）墙面为一个检验批；不足 1000m^2 的，按一个检验批计。

  2 检验批的划分也可根据与施工流程相一致且方便施工与验收的原则，由施工单位与监理（建设）单位共同商定。

4.1.7 进场的保温系统材料、构（配）件的外观和包装应完整无破损，符合设计要求和产品标准的规定。

4.1.8 墙体基层抹灰层（即找平层）拉伸粘结强度平均值应该满足《抹灰砂浆技术规程》JGJ/T 220 标准的规定。

4.1.9 保温系统构造层次、各组成材料厚度、保温层与基层的拉伸粘结强度、后置锚固件设置的数量和拉拔力应符合设计要求。

4.1.10 建筑外墙外保温防火隔离带保温材料的燃烧性能等级应为 A 级，并应提供耐候性试验报告。

4.1.11 保温系统宜采用不燃材料或不具有火焰传播性的难燃材料。对于采用难燃材料作为保温系统保温层时，应按要求和规定对保温材料采取防火隔离措施。

4.1.12 饰面层各层施工，应符合设计和现行国家标准《建筑装饰装修工程质量验收规范》GB 50210 的要求。饰面层施工前，其饰面层的基层应无脱层、空鼓、裂缝和粉化，并应平整、洁净，其含水率应符合饰面层施工的要求。

4.1.13 外墙外保温工程不宜采用粘贴面砖做装饰面层。如必须采用面砖饰面时，应单独进行型式检验和方案论证，其安全性与耐久性必须符合设计要求。耐候性检验中应包含耐冻融周期试验和饰面砖粘结强度拉拔试验。

4.1.14 外墙外保温工程的饰面层不得渗漏。当外墙外保温工程的饰面层采用饰面板开缝安装时，保温层表面应覆盖具有防水功能的抹面层或采取其他防水措施。

4.1.15 保温系统在外墙和毗邻不采暖空间墙体上的门窗洞

口四周墙的侧面、凸窗洞口周边墙面侧面，以及外墙出挑构件等部位的施工处理，应有隔断热桥和防水密封的措施，并应符合设计要求和相关标准的规定。墙体易碰撞的阳角、门窗洞口等处，其保温层应采取防止开裂和破损的加强措施。

4.1.16 基层墙体施工中的穿墙套管、脚手眼、孔洞等，应按照墙体节能工程施工方案，采取隔断热桥措施，不得影响墙体热工性能。

4.1.17 严寒和寒冷地区外墙外保温系统使用的粘结材料，其冻融试验结果应符合该地区最低气温环境的使用要求。外墙热桥部位的隔断热桥措施，应符合设计要求。

4.2 聚苯板薄抹灰外墙保温系统

主 控 项 目

4.2.1 保温系统所用材料的品种、规格及性能应符合设计和相关标准的规定。

检验方法：核查产品合格证书、性能检验报告、进场验收记录、材料进场复验报告；采用尺量、钢针插入或剖开测量检查保温层厚度。

检查数量：保温层厚度每个检验批抽查不得少于3处。

4.2.2 抹灰层的处理应符合设计要求，并满足本规程第4.1.8条的要求。抹灰层应无开裂、空鼓、脱落及粉化现象。

检验方法：核查隐蔽工程验收记录、现场拉伸粘结强度报告；现场观察检查。

检验数量：相同砂浆品种、强度等级、施工工艺的室外抹灰工程，每一检验批各抽查3次。

4.2.3 保温板与基层的粘贴面积不得小于保温板面积的50%，拉伸粘结强度和连接方式应符合设计和保温系统技术规程的要求。

检验方法：现场观察和手扳检查；按照本规程附录G"保温材料粘结面积比剥离检验方法"进行粘结面积比现场检验；按照本规程附录H"保温板材与基层拉伸粘结强度现场试验方法"进行保温板材与基层的拉伸粘结强度现场检验。

检查数量：每个检验批抽查不少于3处。

4.2.4 锚固件的设置位置、数量、锚固深度和锚固拉拔力应符合设计和施工方案要求。

检验方法：检查锚固件塑料胀管和敲击钉长度或自攻螺丝退出检查。核查锚栓承载力试验报告。当设计或施工方案对锚栓承载力有具体要求时，应按照《外墙保温用锚栓》JG/T 366-2012附录B现场测试锚栓承载力标准值。

检验数量：每个检验批抽查不少于3处。

4.2.5 抹面层中的耐碱玻纤网格布拉伸断裂强力应符合现行相关标准要求；抹面胶浆与聚苯板应粘结牢固，无脱层缺陷，抹面层无爆灰、裂缝等。

检查方法：核查增强网格布、抹面胶浆的检验报告和隐蔽工程验收记录；现场抽查；观察检查。

检验数量：每个检验批抽查不少于5处，每处不少于2m^2。

4.2.6 在施工前，采用与施工技术方案相同的材料和工艺制作有防火隔离带的样板墙。

检验方法：核查施工技术方案；对照设计要求检查样板墙。

检查数量：全数检查。

4.2.7 防火隔离带应为工厂预制的制品现场安装。防火隔离带组成材料应与外墙外保温组成材料相配套，同时满足本规程第 4.1.11 条的要求。防火隔离带的抹面胶浆、玻璃纤维网格布应采用与外保温系统相同的材料。

检验方法：核查质量证明文件及检验报告；对照设计观察检查。

检查数量：全数检查。

4.2.8 保温系统在外墙和毗邻不采暖空间墙体上的门窗洞口四周墙的侧面，凸窗洞口周边墙面侧面，以及外墙出挑构件等部位的施工处理，应符合 4.1.15 条的要求。

检验方法：对照设计观察检查，采用热成像仪检查或必要时抽样剖开检查；核查隐蔽工程验收记录。

检查数量：每个检验批应抽查 5%，并不少于 5 个窗洞。

4.2.9 严寒和寒冷地区外墙外保温系统使用的粘结材料和外墙热桥部位的断热措施，应符合本规程第 4.1.17 条的要求。

检验方法：核查粘结材料冻融检验报告；核查隐蔽工程验收记录；现场观察检查和使用热成像仪检查。

检查数量：按不同热桥种类，每种抽查 20%，并不少于 5 处。

一 般 项 目

4.2.10 聚苯板粘贴应上下错缝，拼严压实，拼缝平整，碰头缝不应涂抹胶粘剂。对大于 1.5mm 的显露拼缝应采用同种板材或阻燃型聚氨酯（PU）发泡剂填充。

检验方法：观察；手摸检查。

检验数量：每个检验批抽查不少于3处。

4.2.11 聚苯板在阴阳角处应采用交错咬合方式。门窗等洞口、四角处板不得拼接，应采用切割成型，接缝离洞边不应小于200mm。增强网的铺设应符合设计要求和相关标准图集的规定。

检验方法：观察；检查隐蔽工程验收记录。

检查数量：每个检验批抽查不少于5处。

4.2.12 聚苯板安装允许偏差和检验方法应符合表4.2.12的规定。

表4.2.12 聚苯板安装允许偏差和检验方法

项次	项 目	允许偏差(mm)	检验方法
1	表面平整度	3	用2m靠尺和塞尺检查
2	立面垂直度	3	用2m垂直检查尺检查
3	阴、阳角方正	3	用直角检验尺和塞尺检查
4	接缝高低差	1.5	用钢直尺和塞尺检查

4.2.13 抹面层增强网格布的铺贴和搭接应符合设计和施工方案的要求；应铺压严实，不应有空鼓、皱褶、翘曲、外露等现象。搭接长度应符合相关标准规定。

检验方法：观察检查；直尺测量；检查隐蔽工程验收记录。

检查数量：每个检验批抽查不少于5处，每处不少于2m²。

4.2.14 保温系统的聚苯板面层允许偏差和检验方法应符合表 4.2.14 的规定。

表 4.2.14 聚苯板系统面层允许偏差和检验方法

项次	项 目	允许偏差(mm)	检验方法
1	立面垂直度	3	用 2m 垂直检查尺检查
2	表面平整度	3	用 2m 靠尺和塞尺检查
3	阴、阳角方正	3	用直角检验尺和塞尺检查
4	分格缝（装饰线）平直度	1.5	拉 5m 线，不足 5m 拉通线，用钢直尺检查

4.2.15 保温系统饰面层施工应符合下列规定：

1 保温系统饰面层的基层及其各层施工应满足本规程 4.1.12 条的要求。

2 当采用粘贴饰面砖做饰面层时，应满足本规程 4.1.13 条的要求。

3 当饰面层采用饰面板开缝安装时，应满足本规程 4.1.14 条的要求。

检验方法：观察检查；采用热成像仪检查；核查试验报告和隐蔽工程验收记录；粘结强度按照《建筑工程饰面砖粘结强度检验标准》JGJ 110 的方法检验。

检查数量：粘结强度按照《建筑工程饰面砖粘结强度检验标准》JGJ 110 的规定抽样。其他每个检验批抽查不少于 5 处，每处不少于 20m^2。

4.3 保温浆料外墙保温系统

主控项目

4.3.1 保温浆料保温系统所用材料的品种、规格及性能应符合设计和相关标准的规定。

检验方法：核查产品合格证书、性能检验报告、进场验收记录、材料进场复验报告；采用尺量、钢针插入或剖开测量检查保温层厚度。

检查数量：浆体保温层厚度每个检验批抽查不得少于3处。每处 $10m^2$ 内均布抽检3点，其最小厚度值应达到规定要求。

4.3.2 抹灰层的处理应符合设计要求，并满足本规程第4.1.8条的要求。抹灰层应平整且无开裂、空鼓、脱落及粉化现象。

检验方法：核查隐蔽工程验收记录、现场拉伸粘结强度报告；现场观察检查。

检验数量：相同砂浆品种、强度等级、施工工艺的室外抹灰工程，每一检验批各抽查3处。

4.3.3 胶粉聚苯颗粒保温浆料干密度不应小于 $180kg/m^3$，且不应大于 $250kg/m^3$；膨胀玻化微珠保温砂浆干密度不应小于 $260kg/m^3$，且不应大于 $300kg/m^3$；其他无机轻质保温砂浆应符合设计要求的不同等级保温砂浆规定值。

检验方法：核查材料现场复验报告；在施工中制作同条件养护试件，并见证送检。

检验数量：每个检验批应抽检一次。

4.3.4 保温层厚度大于20mm时，应分层施工。保温浆料单层应连续施工、厚度应均匀、接茬应平顺密实。层与层之间的粘结必须牢固，不应脱层、空鼓和开裂；层间施工间隔时间不应小于8小时。

检验方法：核查观察隐蔽工程验收记录；现场采用钢针插入或剖开尺量抽验。

检查数量：每个检验批抽查10%，并不少于10处。

4.3.5 锚固件的设置位置、数量、锚固深度和锚固拉拔力应符合设计和施工方案要求。

检验方法：检查锚固件塑料胀管和敲击钉长度或自攻螺丝退出检查。核查锚固件与不同基墙的锚固拉拔力检验报告。

检验数量：每个检验批抽查不少于3处。

4.3.6 抹面层中的耐碱玻纤网格布增强层的拉伸断裂强力应符合现行相关标准要求；抹面层砂浆与保温层应粘结牢固，无脱层空鼓，抹面层无爆灰、裂缝等。

检查方法：核查增强网格布、抗裂砂浆的检验报告和隐蔽工程验收记录；现场抽查；观察检查。

检验数量：每个检验批抽查不少于5处，每处不少于2m²。

4.3.7 在有机保温浆料保温系统施工前，采用与施工技术方案相同的材料和工艺制作带防火隔离带的样板墙。

检验方法：核查施工技术方案；对照设计要求检查样板墙。

检查数量：全数检查。

4.3.8 防火隔离带应为工厂预制的制品现场安装。防火隔离带组成材料应与外墙外保温组成材料相配套，可以满足本规程第4.1.11条的要求。防火隔离带的抹面胶浆、玻璃纤维网格布应采用与外保温系统相同的材料。

检验方法：核查质量证明文件及检验报告；对照设计观察检查。

检查数量：全数检查。

4.3.9 保温系统在外墙和毗邻不采暖空间墙体上的门窗洞口四周墙的侧面、凸窗洞口周边墙面侧面，以及外墙出挑构件等部位的施工处理，应符合4.1.15条的要求。

检验方法：对照设计观察检查，采用热成像仪检查或必要时抽样剖开检查；核查隐蔽工程验收记录。

检查数量：每个检验批应抽查5%，并不少于5个窗洞。

4.3.10 严寒和寒冷地区外墙外保温系统使用的粘结材料和外墙热桥部位的隔断热桥措施，应符合4.1.17条的要求。

检验方法：核查粘结材料冻融检验报告；核查隐蔽工程验收记录；现场观察检查和使用热成像仪检查。

检查数量：按不同热桥种类，每种抽查20%，并不少于5处。

一 般 项 目

4.3.11 保温浆料系统各构造层表面应洁净，接槎应平顺、密实。

检验方法：观察，手摸检查；核查验收记录。

检验数量：每检验批抽查不少于3处。

4.3.12 耐碱玻纤网格布、热镀锌电焊网应铺压严实，不应有褶皱、翘曲、外露等现象，垂直及水平向的增强网搭接长度应符合有关规定。热镀锌电焊网应采用专用的锚固件固定在基层墙体上，锚固位置和数量应符合设计要求。

检验方法：观察；直尺检查。

检验数量：每个检验批应抽查5%，并不少于5处。

4.3.13 保温层面层的允许偏差和检验方法应符合表4.3.13的规定。

表4.3.13 保温浆料系统面层允许偏差和检验方法

项次	项 目	允许偏差（mm）	检验方法
1	表面平整度	4	用2m靠尺和塞尺检查
2	立面垂直度	4	用2m垂直检查尺检查
3	阴、阳角方正	4	用直角检验尺和塞尺检查

检验数量：每个检验批应抽查5%，并不少于5处。

4.3.14 保温系统饰面层施工应符合下列规定：

1 保温系统饰面层的基层及其各层施工应满足本规程4.1.12条的要求。

2 当采用粘贴饰面砖做饰面层时，应满足本规程4.1.13条的要求。

3 当饰面层采用饰面板开缝安装时，应满足本规程4.1.14条的要求。

检验方法：观察检查；采用热成像仪检查；核查试验报告和隐蔽工程验收记录；粘结强度按照《建筑工程饰面砖粘结强度检验标准》JGJ 110的方法检验。

检查数量：粘结强度按照《建筑工程饰面砖粘结强度检验标准》JGJ 110的规定抽样。其他每个检验批抽查不少于5处，每处不少于20m²。

4.4 保温装饰复合板外墙外保温系统

主控项目

4.4.1 保温系统所用材料的品种、规格及性能应符合设计和相关标准的规定。

检验方法：核查产品合格证书、系统性能检验报告、进场验收记录、材料进场复验报告。

检查数量：全数检查。

4.4.2 抹灰层的处理应符合设计要求，并满足本规程第4.1.8条的要求。抹灰层应平整且无开裂、空鼓、脱落及粉化现象。

检验方法：核查隐蔽工程验收记录、现场拉伸粘结强度报告；现场观察检查；

检验数量：相同砂浆品种、强度等级、施工工艺的室外抹灰工程。每一检验批各抽查3次。

4.4.3 保温系统构造应符合设计要求。保温装饰复合板应无脱层、起翘、起皮等缺陷。

检验方法：对照设计和施工方案观察检查；核查隐蔽工程验收记录。

检查数量：全数检查。

4.4.4 保温材料厚度偏差应符合设计要求。

检验方法：采用尺量、钢针插入或剖开测量检查保温层厚度。

检查数量：保温层厚度每个检验批抽查不得少于3个。

4.4.5 保温装饰复合板的保温板与墙体之间必须粘结牢固，无松动和虚粘现象。粘贴面积应符合设计要求，且不得少于50%。

检验方法：

1 在施工过程中扒开粘贴的保温装饰板观察检查和用手推拉检查，并做记录。

2 在现场抽取5个有代表性的粘贴部位进行拉拔强度检验，试件尺寸为50mm×50mm，断缝应从保温装饰板表面切割至基层，抗拔强度不应低于保温板的抗拉强度。

检查数量：每个检验批抽查5%，且不少于3处（块）。

4.4.6 锚固件数量、锚固位置、锚固深度、锚栓拉拔力应符合设计及相关标准的要求。

检验方法：

1 在施工过程中观察检查，并做记录。

2 在现场抽取5个有代表性的锚栓进行现场锚栓承载力拉拔试验。

检查数量：每个检验批不少于一组，每组5个。

4.4.7 板缝及构造节点、嵌缝施工做法应符合设计及相关标准规定要求。

检验方法：对照设计观察检查，检查隐蔽工程验收记录。

检查数量：每个检验批抽查5%，且不少于3处。

4.4.8 门窗、凸窗洞口周边墙面及外墙出挑构件等部位的保温及防水密封措施应符合设计要求和相关标准的规定。

检验方法：观察检查；核查隐蔽工程验收记录。

检查数量：每个检验批抽查5%，且不少于3处。

一 般 项 目

4.4.9 进场的保温装饰复合板、配套材料、构配件等的外观和包装应完整无破损，符合设计要求和产品标准的规定。

检验方法： 观察检查。

检查数量： 全数检查。

4.4.10 保温装饰复合板安装应拼缝平整，且拼缝不得抹胶粘剂。

检验方法： 观察检查。

检查数量： 每个检验批抽查10%，且不少于5处。

4.4.11 保温装饰复合板拼缝处的密封胶应平滑、顺直、均匀，不得有空穴或气泡，不得污染板表面。

检验方法： 观察检查；用钢针插入，尺量检查。

检查数量： 每个检验批抽查10%，且不少于5处。

4.4.12 保温装饰复合板安装后的板面允许偏差和检查方法应符合表4.4.12的规定。

表4.4.12 保温装饰复合板安装后的板面允许偏差和检查方法

序号	项目	允许偏差（mm）	检查方法
1	表面平整度	4	用2m靠尺和塞尺检查
2	立面垂直度	4	垂直尺、塞尺检查
3	阴阳角垂直度	3	直角检测尺检查
4	密封胶直线度	2	拉5m线，不足5m拉通线，钢直尺检查

4.5 EPS钢丝网架板现浇混凝土外墙外保温系统

主控项目

4.5.1 EPS钢丝网架板、附加钢丝网和锚固钢筋等材料的品种、规格及性能应符合设计要求和有关标准规定。聚苯板(EPS)厚度应符合设计要求,板厚偏差应符合产品标准规定。

检验方法：核查产品合格证书、性能检验报告、进场验收记录、材料进场复验报告；用尺检测保温板厚度。

检验数量：按进场批次,每批随机抽取3个试样进行检查；质量证明文件应按其出厂检验批进行全数核查。

4.5.2 EPS钢丝网架板进场时应对其下列性能进行复检,复检应为见证取样送样：

1　EPS板表观密度、导热系数及压缩强度；
2　钢丝网及斜插腹丝的焊点强度；
3　钢丝网及斜插腹丝的镀锌层质量；

检验方法：随机抽样送样,核查复检报告。

检查数量：每个检验批抽查不少于3次。

4.5.3 EPS钢丝网架板敷设的部位应符合设计要求。安装时聚苯板槽口应向外并呈水平状。

检验方法：观察；按设计文件进行对照。

检验数量：每个检验批抽查5%,并不少于10处,每处不小于2 m²。

4.5.4 锚固钢筋的形状、埋设的位置、间距应符合设计要求,穿越EPS板部分应有防锈漆处理,埋入混凝土的长度不应小于100mm。斜插钢丝埋入混凝土的长度不应小于30mm。

检验方法：按设计文件对照观察；用尺测量。

检验数量：每个检验批抽查5%,并不少于10处,每处不小于2 m²。

4.5.5 EPS 钢丝网架板的接缝应错缝搭接严密。EPS 钢丝网架板的接缝处和末端，应增设附加平网和角网，搭接(每边)宽度均不应小于 100mm，并用扎丝绑扎牢固，绑扎间距不大于 150mm。

检验方法： 观察；钢尺测量。

检验数量： 每个检验批抽查 5%，并不少于 10 处，每处不小于 2 m^2。

4.5.6 保温系统在外墙和毗邻不采暖空间墙体上的门窗洞口四周墙的侧面，凸窗洞口周边墙面侧面，以及外墙出挑构件等部位的施工处理，应符合 4.1.15 条的要求的要求。

检验方法： 观察检查，采用抽样剖开检查或必要时热成像仪检查；核查隐蔽工程验收记录。

检查数量： 每个检验批应抽查 5%，并不少于 5 个窗洞。

一 般 项 目

4.5.7 EPS 钢丝网架聚苯板应平整、无断裂。

检验方法： 观察。

检查数量： 每检验批抽查不少于 3 处。

4.5.8 混凝土成型拆模后保温层不应有明显缺损、位移或嵌入混凝土内等缺陷，水平钢丝网与带槽 EPS 保温板槽底间距不应小于 7mm。

检查方法： 观察；用钢针插入与直尺测量。

检查数量： 每检验批抽查不少于 3 处。

4.5.9 混凝土成型后 EPS 钢丝网架板现浇混凝土外墙允许偏差和检验方法应符合表 4.5.9 的规定。

表 4.5.9 EPS 钢丝网架板现浇混凝土外墙允许偏差和检验方法

项次	项 目		允许偏差（mm）	检 验 方 法
1	垂直度	每层	5	用 2m 垂直检测尺检查
		全高	$H/1000$ 且 $\leqslant 30$	用经纬仪或吊线、尺量检查
2	表面平整度		8	用 2m 靠尺和楔形塞尺检查
3	锚固筋间距		+50	用尺量检查
4	接缝宽度		2	用尺量检查

检查数量：每个检验批抽查 5%，并不少于 10 处，每处不小于 $2m^2$。

4.6 砌筑墙体自保温系统

主 控 项 目

4.6.1 墙材的外观质量、外形尺寸（厚度）、密度等级、强度等级符合设计要求。

检验方法：观察；量测；核查进场验收记录和性能复检报告。

检查数量：按进场批次，每批随机抽取 3 组试样进行检查；质量证明文件应按其出厂检验批进行核查；型式检验报告按产品标准要求进行核查。

4.6.2 墙体的传热系数/传热阻值应满足设计要求。

检验方法：核查传热系数/传热阻值性能复检报告；必要时进行现场传热系数/传热阻实体测试。

检查数量：同一生产厂家生产的同品种、同规格、同等级产品，以 10000 块为一批，不足 10000 块亦为一批，随机抽取 1 组进行检查。

4.6.3 砌筑材料、抹面材料、界面剂等专用材料应符合设计和现行相关标准的要求。拉接筋（或拉接网片）的原材料、外形尺寸及形状应符合设计要求。

检验方法：观察；检查产品合格证书、性能检验报告和进场验收记录。

4.6.4 与主体结构连接的拉接筋（拉接网片）应置于灰缝中，其垂直间距和位置应符合设计要求。

检验方法：观察和用尺量检查。

检查数量：在检验批中抽检 20%，且不应少于 5 处。

一 般 项 目

4.6.5 自保温砌筑墙体的允许偏差和检验方法应符合表 4.6.5 的规定。

表 4.6.5 自保温砌筑墙体的允许偏差和检验方法

序号	项 目	允许偏差(mm)	检验方法
1	轴线位置	10	用尺量检查
	垂直度	5	用2m垂直检测尺检查
2	表面平整度	5	用2m靠尺和塞尺检查
3	门窗洞口高、宽（后塞框）	±5	用尺量检查
4	外墙上、下窗口偏移	20	用经纬仪或吊线检查

检验数量：

1 对表中 1、2 项，在检验批的标准间中随机抽查 10%，但不应少于 3 间；大面积房间和活动走道按两个轴线或每 10 延长米按一标准间计数，每间检验不应少于 3 处。

2 对表中 3、4 项，在检验批中抽检 10%，但不应少于 5 处。

4.6.6 砌筑砂浆饱满度及检验方法应符合表 4.6.6 的规定。

表 4.6.6 砌筑砂浆饱满度要求

灰缝位置	饱满度
水平灰缝	≥90%
垂直灰缝	≥80%

检验方法： 采用百格网检查自保温砖（砌块）水平面、垂直面砂浆的粘结痕迹面积。

检查数量： 每步架子不少于 3 处，且每处不应少于 3 块。

4.6.7 砌体砌筑时上、下皮砌块应错缝搭砌，当采用专用胶粘剂砌筑时，其水平灰缝厚度和垂直灰缝厚度应为不大于 5mm。

　　检验方法：用尺量 2m 墙体长。

　　检查数量：在检验批的标准间中抽查 10%，且不应少于 3 间。

4.6.8 自保温砌筑墙体的顶面与钢筋混凝土梁或板底面间应预留 10mm～25mm 空隙。空隙内的充填物宜在墙体砌筑完成后 14d 进行。

　　检验方法：观察。

　　检查数量：每检验批中抽查 10%的墙片（每两柱间的墙体为一墙片），且不应少于 3 片墙。

4.6.9 自保温砌筑墙体与结构性热桥部位的连接措施需满足设计及相关技术标准要求。

　　检验方法：观察。

　　检查数量：每检验批中抽查 10%的墙片，且不应少于 3 片墙。

4.6.10 结构性热桥部位采用的保温系统工程的验收按本规程相关章节实施。

5 幕墙节能工程

5.1 一般规定

5.1.1 本章适用于作为建筑外围护结构的各类透明、半透明和非透明建筑幕墙和透光屋面(采光顶)的节能工程。

5.1.2 幕墙节能工程质量验收时应提交下列资料:

　　1 幕墙工程的设计文件、幕墙热工性能计算书、施工方案、施工工艺记录。

　　2 幕墙工程所用各种保温材料的产品合格证书、性能检测报告、进场验收记录和复验报告。

　　3 幕墙的气密性能检测报告及其他设计要求的热工性能检测报告。

　　4 隐蔽工程验收文件。

　　5 其他质量证明文件。

5.1.3 附着于主体结构上的隔汽层、保温层应在主体结构工程质量验收合格后施工。施工过程中应及时进行质量检查、隐蔽工程验收和检验批验收,施工完成后应进行幕墙节能分项工程验收。

5.1.4 当幕墙节能工程采用隔热型材时,隔热型材生产厂家应提供隔热型材所使用的断热材料的物理力学性能检验报告。

　　当不能提供断热材料的物理力学性能检测报告时,应按照产品标准对隔热型材至少进行一次横向抗拉强度和抗剪强度抽样检验。

5.1.5 幕墙节能工程施工中应对下列部位或项目进行隐蔽工

程验收,并应有详细的文字记录和必要的图像资料:
  1 被封闭的保温材料厚度和固定措施。
  2 幕墙周边与墙体、屋面、地面接缝处的保温、密封措施。
  3 构造缝、结构缝的保温、密封措施。
  4 隔汽层设置。
  5 热桥部位的隔热处理措施。
  6 单元式幕墙板块间的保温、密封接缝措施。
  7 凝结水收集和排放措施。
  8 幕墙的通风换气装置。
  9 遮阳构件的锚固和连接。

5.1.6 幕墙节能工程使用的保温材料在安装中应采取防潮、防水等保护措施。有机保温材料的堆放和施工应有防火灾措施。

5.1.7 幕墙节能工程检验批的划分应符合下列规定:
  1 相同设计、材料、工艺和施工条件的幕墙工程每 $500m^2$ ~ $1000m^2$ 应划分为一个检验批,不足 $500m^2$ 也应划分为一个检验批。
  2 同一单位工程的不连续的幕墙工程应单独划分检验批。
  3 对于有特殊要求的幕墙,检验批的划分应根据幕墙的结构、工艺特点及幕墙工程规模,由监理单位(或建设单位)和施工单位协商确定。

5.2 主控项目

5.2.1 用于幕墙节能工程的材料、构件等,其品种、型号、规格、尺寸应符合设计要求和相关标准的规定。
  检验方法:观察、尺量检查;核查质量证明文件。

检查数量：按进场批次，每批随机抽取 3 个试样进行检查；质量证明文件应按照其出厂检验批进行核查。

5.2.2 幕墙（含采光屋面）节能工程中使用的下列材料进场时，应对有关材料性能进行复验，复验应为见证取样送检：

1 保温材料：导热系数或热阻、密度，有机材料的燃烧性能。

2 玻璃系统：可见光透射比、传热系数、遮阳系数及中空玻璃密封性能。

3 隔热型材：抗拉强度、抗剪强度。

4 透光、半透光遮阳材料的太阳光透射比、太阳光反射比。

检验方法：材料性能指标核查质量证明文件、复验报告。幕墙玻璃系统检验应在材料进场时随机抽样送检，中空玻璃密封性能按照附录规定的方法进行。

检查数量：同一生产厂家的同一种产品每一批次抽查不少于一组，其中中空玻璃密封性能抽样每组应为 15 块；质量保证文件、复验报告、计算书等全数核查。

5.2.3 幕墙的气密性能应符合设计规定的等级要求。当幕墙面积大于 $3000m^2$ 或建筑外墙面积的 50%时，应对幕墙进行气密性能检测，检测结果应符合建筑节能设计规定的等级要求。

密封条应镶嵌牢固、位置正确、对接严密。单元式幕墙板块之间的密封应符合设计要求。开启部分关闭应严密。

检验方法：观察及启闭检查。核查隐蔽工程验收记录、幕墙气密性能检测报告、见证取样记录。

气密性能检测试件应包括幕墙的典型单元、典型拼缝、典型可开启部分。试件应按照幕墙工程施工图进行设计。在现场抽取材料、构件，在试验室安装试件检测，试件设计应经建筑设计单位项目负责人、监理工程师同意并确认。

检查数量：核查全部质量证明文件和性能检测报告。现场观察及启闭检查按检验批抽查30%，并不少于5件（处）。应对一个单位工程中面积超过 $1000m^2$ 的每种幕墙均进行气密性能检测。

5.2.4 每幅建筑幕墙的传热系数、遮阳系数、可见光透射比等节能性能指标均应符合设计要求。

检验方法：查幕墙热工性能计算书，幕墙节点及安装应与设计计算书进行核对。

检查数量：计算书全数核查，节点及开启窗按照检验批抽查10%，并不少于10处。

5.2.5 幕墙节能工程使用的保温材料，其厚度应符合设计要求，安装牢固，不得松脱。

检验方法：对保温板或保温层采取针插法或剖开法，尺量厚度；手扳检查。

检查数量：按检验批抽查10%，并不少于10处。

5.2.6 遮阳设施的安装位置、遮阳尺寸应满足设计要求。遮阳设施的安装应牢固，满足抗震、防坠、抗风和维护检修的要求。

检验方法：核查质量证明文件；检查隐蔽工程验收记录；观察；尺量；手扳检查；核查遮阳设施的抗风压计算报告或产品检测报告。

检查数量：检查全数的 10%，并不少于 10 处；牢固程度全数检查；报告全数核查。

5.2.7 幕墙工程热桥部位的隔热措施应符合设计要求，隔热节点的连接应牢固。

检验方法：对照幕墙节能设计文件，观察检查。

检查数量：按检验批抽查 10%，并不少于 5 处。

5.2.8 幕墙隔汽层应完整、严密、位置正确，穿透隔汽层处的节点构造应采取密封措施。

检验方法：观察检查。

检查数量：按检验批抽查 10%，并不少于 5 处。

5.2.9 建筑幕墙应在承重墙及每层楼板处采用 A 级防火进行封堵。竖向层间、平面防火分区间防火分隔措施应符合设计和规范要求。

检验方法：观察检查。

检查数量：按检验批抽查 10%，并不少于 5 处。

5.2.10 幕墙可开启部分开启后的通风面积应满足设计要求。幕墙通风设备的通道应通畅，尺寸应满足设计要求，开启装置应能顺畅开启和关闭。

检验方法：尺量核查开启窗通风面积，观察、手试检查，通风器启闭测试。

检查数量：按检验批抽查 30%，并不少于 5 处，开启窗通风面积全数核查。

5.2.11 幕墙凝结水的收集和排放应通畅，并不得渗漏。

检验方法：淋水试验、观察检查。

检查数量：按检验批抽查 10%，并不少于 5 处。

5.3 一般项目

5.3.1 镀（贴）膜玻璃的安装方向、位置应正确。采用密封胶密封的中空玻璃应采用双道密封。中空玻璃的均压管应密封处理。

　　检验方法：观察，检查施工记录。

　　检查数量：每个检验批抽查10%，并不少于5件（处）。

5.3.2 单元式幕墙板块组装应符合下列要求：

　　1 密封条：规格正确，长度无负偏差，接缝的搭接符合设计要求。

　　2 保温材料：固定牢固，厚度符合设计要求。

　　3 隔汽层：密封完整、严密。

　　4 凝结水排水系统通畅，管路无渗漏。

　　检验方法：观察检查；手扳检查；尺量。

　　检查数量：每个检验批抽查10%，并不少于5件（处）。

5.3.3 幕墙与周边墙体、屋面间的接缝处应采用弹性闭孔材料填充饱满，并应采用耐候密封胶等密封材料密封。伸缩缝、沉降缝、抗震缝的保温或密封做法应符合设计要求。

　　检查方法：观察检查；对照设计文件观察检查。

　　检查数量：每个检验批抽查10%，并不少于5件（处）。

5.3.4 活动遮阳设施的调节装置应灵活，并应能调节到位。

　　检验方法：现场调节试验；观察检查。

　　检查数量：每个检验批抽查10%，并不少于10件（处）。

6 门窗节能工程

6.1 一般规定

6.1.1 本章适用于建筑门窗节能工程的质量验收,包括金属门窗、塑料门窗、木质门窗、复合门窗、特种门窗、天窗以及门窗玻璃安装等节能工程。

6.1.2 节能工程使用的建筑外门窗应具有门窗节能性能标识。

6.1.3 建筑门窗工程施工中,应对门窗安装状况、缝隙状况以及门窗与墙体接缝处的保温材料填充等隐蔽工程进行验收,并应有隐蔽工程验收记录和必要的图像资料。

6.1.4 当门窗采用隔热型材时,隔热型材生产企业应提供型材所使用的隔热材料的物理力学性能检测报告。

当不能提供隔热材料的物理力学性能检测报告时,应按照产品标准对隔热型材至少进行一次横向拉伸强度和抗剪强度值的抽样检验。

6.1.5 建筑外门窗工程的检验批应按下列规定划分:

1 同一厂家的同一品种、类型和规格的门窗每 100 樘划分为一个检验批,不足 100 樘也为一个检验批。

2 同一厂家的同一品种、类型和规格的特种门每 50 樘划分为一个检验批,不足 50 樘也为一个检验批。

3 对于异型或有特殊要求的门窗,检验批的划分应根据其特点和数量,由监理(建设)单位和施工单位协商确定。

6.1.6 建筑外门窗工程的检查数量应符合下列规定：

1 建筑外门窗每个检验批应抽查 5%，并不少于 3 樘，不足 3 樘时应全数检查；高层建筑的外窗，每个检验批应抽查 10%，并不少于 6 樘，不足 6 樘时应全数检查。

2 特种门每个检验批应抽查 50%，并不少于 10 樘，不足 10 樘时应全数检查。

6.2 主控项目

6.2.1 建筑外门窗（包括天窗）的品种、型号规格、开启方式、玻璃配置、断热桥状况等应符合设计要求和相关标准的规定，并应进行进场验收。

检验方法：观察、尺量检查；核查质量证明文件。

检查数量：按本规范第 6.1.6 条执行；质量证明文件应按照其出厂检验批进行核查。

6.2.2 建筑外门窗（包括天窗）进场时应按所属气候区类别，对门窗的传热系数、气密性能、玻璃遮阳系数、玻璃可见光透射比、透光及部分透光遮阳材料的太阳光透射比、太阳光反射比、中空玻璃密封性能进行复验，复验应为见证取样送检。

检验方法：性能指标核查质量证明文件、复验报告、标识证书。

门窗传热系数、气密性能复验应采取随机抽样送检，按照检测报告核对门窗节点构造；对于有门窗节能性能标识的门窗产品，可核查标识证书与标识的传热系数和气密性能指标，并按照门窗节能性能标识模拟计算报告核对门窗节点构造。

玻璃性能复验为进场时随机抽样门窗送检。中空玻璃密封性能检验按附录 K 规定的方法进行。

遮阳材料进场时随机抽样送检。

检查数量： 质量证明文件、复验报告和计算报告等全数核查。

门窗、遮阳产品复验时，外门窗传热系数、玻璃传热系数、遮阳系数、可见光透射比性能、遮阳材料太阳光透射比及太阳光反射比等，按同一厂家、品种、类型的产品各抽查不少于 1 樘（件）抽样检测；外门窗气密性能，按同一厂家、品种、类型的产品各抽查不少于 3 樘（件）抽样检测；同一生产厂家的同一种产品的中空玻璃密封性能抽样每组应为 15 块。门窗、玻璃的相关性能检测可安排抽样在一组样品中完成检测。

6.2.3 金属外门窗框型材的隔热措施应符合设计要求和产品标准的规定，金属副框应按照设计要求采取保温措施。

检验方法： 随机抽样，对照产品设计图纸，剖开或拆开检查。

检查数量： 同一厂家同一品种、类型的产品各抽查不少于 1 樘。

6.2.4 严寒、寒冷地区的建筑外窗以及夏热冬冷地区的高层和超高层建筑的建筑外窗，应对其气密性做现场实体检测，检测结果应满足设计要求。

检验方法： 对于有门窗节能性能标识的门窗产品，核查标识证书与标识；对于没有门窗节能性能标识的门窗产品，随机抽样现场检验，检测方法按照《建筑外窗气密、水密、抗风压性能现场检测方法》JGJ/T 211 进行。

检查数量： 同一厂家同一品种、类型的产品各抽查不少于 3 樘。

6.2.5 外门窗框（或带副框）与洞口之间的间隙应在采用泡

沫棒填塞后，在内外侧用发泡聚氨酯密实嵌填，以及密封胶或耐候胶收口密封。

检验方法：观察检查；核查隐蔽工程验收记录。

检查数量：全数检查。

6.2.6 严寒、寒冷地区的外门应按照节能设计要求采取保温、密封等措施。

检验方法：观察检查。

检查数量：全数检查。

6.2.7 外窗遮阳设施的性能、位置、尺寸应符合设计和产品标准要求；遮阳设施的安装应位置正确、牢固，满足安全和使用功能的要求。

检验方法：核查质量证明文件；观察、尺量、手扳检查；核查遮阳设施的抗风计算报告。

检查数量：每个检验批按第6.2.4条最小抽样数量的2倍抽样；安装牢固程度全数检查。

6.2.8 特种门的性能应符合设计和产品标准要求；特种门安装中的节能措施应符合设计要求。

检验方法：核查质量证明文件；观察、尺量检查。

检查数量：全数检查。

6.2.9 天窗安装的位置、坡向、坡度应正确，封闭严密，嵌缝处不得渗漏。

检验方法：观察检查；用水平尺（坡度尺）检查；淋水检查。

检查数量：每个检验批按本规程第6.2.4条最小抽样数量的2倍抽样。

6.2.10 门窗中通风器的尺寸、通风量等性能应符合设计要求；通风器的安装位置应正确，与门窗型材间的密封应严密，开启装置应能顺畅开启和关闭。

检验方法：核查质量证明文件；观察、尺量检查。

检查数量：每个检验批按本规程第 6.2.4 条最小抽样数量的 2 倍抽样。

6.3 一般项目

6.3.1 门窗扇密封条和玻璃镶嵌的密封条，其物理性能应符合相关标准的要求。密封条安装位置应正确，镶嵌牢固，不得脱槽。接头处不得开裂。关闭门窗时密封条应接触严密。

检验方法：观察检查。

检查数量：全数检查。

6.3.2 门窗中镀（贴）膜玻璃的安装方向应正确，采用密封胶密封的中空玻璃应采用双道密封，均压管应密封处理。

检验方法：观察检查。

检查数量：全数检查。

6.3.3 外门、窗中的遮阳设施调节应灵活、可控。

检验方法：现场调节试验检查。

检查数量：全数检查。

7 屋面节能工程

7.1 一般规定

7.1.1 本章适用于建筑屋面节能工程，包括采用板块保温材料、现浇保温材料、喷涂保温材料等保温隔热材料的屋面节能工程。

7.1.2 屋面保温隔热工程的施工，应在基层质量验收合格后进行。施工过程中应及时进行质量检查、隐蔽工程验收和检验批验收，施工完成后应进行屋面节能分项工程验收。

7.1.3 屋面保温隔热工程应对下列部位进行隐蔽工程验收，并应有详细的文字记录和必要的图像资料：

    1 基层。

    2 保温材料种类；保温层厚度、敷设方式；板材缝隙填充质量。

    3 找坡层的起坡高度、敷设方式、厚度。

    4 防水层、隔汽层。

    5 排汽管。

7.1.4 屋面找坡层、保温隔热层施工完成后，应及时进行找平层和防水层的施工，避免保温隔热层受潮、浸泡或受损。

7.1.5 屋面节能工程施工质量验收的检验批划分应符合下列规定：

    1 采用相同材料、工艺和施工做法的屋面，每 $1000m^2$ 面积划分为一个检验批，不足 $1000m^2$ 也为一个检验批。

2 检验批的划分也可根据与施工流程相一致且方便施工与验收的原则,由施工单位与监理(建设)单位共同商定。

7.2 主控项目

7.2.1 用于屋面节能工程的保温隔热材料及制品,其型号、品种、规格和性能应符合设计要求和相关标准的规定。

检验方法:观察、尺量检查;核查质量证明文件。

检查数量:按进场批次,每批随机抽取 3 个试样进行检查;质量证明文件应按照出厂检验批进行核查。

7.2.2 屋面节能工程使用的材料进场时应对以下性能参数进行复验,复验应为见证取样送检。

1 保温隔热材料:导热系数或热阻、密度、吸水率、抗压强度或压缩强度、有机保温材料的燃烧性能;

2 隔热涂料:太阳光反射比、半球发射率。

检验方法:核查质量证明文件,随机抽样送检,核查复验报告。

检查数量:同厂家、同品种,每 1000m² 屋面使用的材料为一个检验批,每个检验批抽查 1 次;不足 1000m² 时抽查 1 次。

屋面超过 1000m² 时,每增加 2000m² 应增加 1 次抽样;屋面超过 5000m² 时,每增加 3000m² 应增加 1 次抽样。

同项目、同施工单位且同时施工的多个单位工程(群体建筑),可合并计算屋面抽检面积。

7.2.3 屋面保温隔热层的敷设方式、厚度、缝隙填充质量及屋面热桥部位的保温隔热做法,必须符合设计要求和有关标准的规定。

  检验方法：观察、尺量检查。

  检查数量：每检验批抽查两处，每处 $10m^2$，整个屋面抽查不得少于 3 处。

7.2.4 通风隔热屋面架空层的架空高度、安装方式、通风口位置及尺寸应符合设计及有关标准的要求。架空层内不得有杂物。架空板应完整，不得有断裂和露筋等缺陷。

  检验方法：观察、尺量检查。

  检查数量：每检验批抽查两处，每处 $10m^2$，整个屋面抽查不得少于 3 处。

7.2.5 屋面的隔汽层位置应符合设计要求，且应完整、严密。

  检验方法：对照设计观察检查；核查隐蔽工程验收记录。

  检查数量：每 $100m^2$ 抽查一处，每处 $10m^2$，整个屋面抽查不得少于 3 处。

7.2.6 屋面防火隔离措施应符合设计要求。坡屋面、架空屋面当采用将保温材料敷设于屋面内侧做内保温隔热时，应采用无机类保温材料，保温隔热层应有防潮措施，其表面应有保护层，保护层的做法应符合设计要求。

  检验方法：观察检查；核查隐蔽工程验收记录。

  检查数量：每个检验批抽查 2 处，每处 $10m^2$，整个屋面抽查不得少于 3 处。

7.2.7 屋面构造层中有内部贴有铝箔的封闭空气间层时，空气间层的厚度及铝箔的铺设位置应符合设计要求。空气间层内不得有杂物，铝箔应铺设完整。

  检验方法：观察、尺量检查。

  检查数量：每 $100m^2$ 抽查一处，每处 $10m^2$，整个屋面抽查不得少于3处。

7.2.8 种植屋面的构造做法，应符合《种植屋面工程技术规程》JGJ 155-2013 的规定。

　　检验方法：对照设计检查。
　　检查数量：全数检查。

7.3 一般项目

7.3.1 屋面保温隔热层应按施工方案施工，并应符合下列规定：
　　1 松散材料应分层敷设、按要求压实、表面平整、坡向正确。
　　2 现场采用喷、浇、抹等工艺施工的保温层，其配合比应计量准确，搅拌均匀、分层连续施工，表面平整、坡向正确。
　　3 板材应粘贴牢固、缝隙严密、平整。

　　检验方法：观察、尺量、称重检查。
　　检查数量：每个检验批抽查2处，每处$10m^2$，整个屋面抽查不得少于3处。

7.3.2 金属板保温夹芯屋面应铺装牢固、接口严密、表面洁净、坡向正确。

　　检验方法：观察、尺量检查；核查隐蔽工程验收记录。
　　检查数量：全数检查。

8 地面节能工程

8.1 一般规定

8.1.1 本章适用于建筑地面节能工程。包括接触土壤的地面、层间楼地面、底面接触室外空气、土壤或毗邻非采暖空间的楼地面节能工程。

8.1.2 地面工程质量与验收除应符合本规程要求外，尚应符合现行相关国家标准的有关规定。

8.1.3 地面节能工程的施工，应在主体或基层质量验收合格后进行。施工过程中应及时进行质量检查、隐蔽工程验收和检验批验收，施工过程中应进行楼地面节能分项工程验收。

8.1.4 地面节能工程应对下列部位进行隐蔽工程验收，并应有详细的文字记录和必要的图像资料：

  1 基层。

  2 被封闭的保温材料厚度。

  3 保温材料粘结。

  4 隔断热桥部位。

8.1.5 地面节能分项工程检验批划分应符合下列规定：

  1 检验批可按施工段或变形缝划分。

  2 每 $1000m^2$ 可划分为一个检验批，不足 $1000m^2$ 也为一个检验批。

  3 不同构造做法的地面节能工程应单独划分检验批。

8.2 主控项目

8.2.1 用于地面节能工程的保温材料,其品种、规格应符合设计要求和相关标准的规定。

检验方法:观察、尺量或称重检查;核查质量证明文件。

检查数量:按进场批次,每批随机抽取 3 个试样进行检查;质量证明文件应按其出厂检验批进行核查。

8.2.2 地面节能工程使用的保温材料,进场时应对其导热系数或热阻、密度、吸水率、抗压强度或压缩强度、有机保温材料的燃烧性能等参数进行复验,复验应为见证取样送检。

检验方法:随机抽样送检,核查复验报告。

检查数量:同厂家、同品种,每 $1000m^2$ 地面使用的材料为一个检验批,每个检验批抽查 1 次;不足 $1000m^2$ 时抽查 1 次;地面超过 $1000m^2$ 时,每增加 $2000m^2$ 应增加 1 次抽样;地面超过 $5000m^2$ 时,每增加 $3000m^2$ 应增加 1 次抽样。

同项目、同施工单位且同时施工的多个单位工程(群体建筑),可合并计算地面抽检面积。

8.2.3 地面节能工程施工前,应对基层进行处理,使其达到设计和施工方案的要求。

检验方法:对照设计和施工方案观察检查。

检查数量:全数检查。

8.2.4 地面保温层、隔离层、保护层等各层的设置和构造做法以及保温层的厚度应符合设计要求,并应按施工方案施工。

检验方法:对照设计和施工方案观察检查;尺量检查。

检查数量：每个检验批抽查 2 处，每处 10m²，整个地面抽查不得少于 2 处。

8.2.5 地面节能工程的施工质量应符合下列规定：

　　1 保温板与基体之间、各构造层之间的粘结应牢固，缝隙应严密。

　　2 保温浆料应分层施工。

　　3 穿越楼地面直接接触室外空气的各种金属管道应按设计要求，采取隔热保温措施。

检验方法：观察检查；核查隐蔽工程验收记录。

检查数量：每个检验批抽查 2 处，每处 10m²，穿越楼地面的金属管道处全数检查。

8.3 一般项目

8.3.1 保温板（块）材料应紧密铺设、面层应平整、相邻板块高差不应大于 1mm。浇、喷保温材料应连续铺施、面层平整，表面平整度不应大于 5mm。

检验方法：观察检查，2m 靠尺和塞尺尺量检查。

检查数量：全数检查。

8.3.2 低温辐射采暖地板工程的构造做法应符合设计要求，并应符合国家现行有关标准的规定。

检验方法：观察检查。

检查数量：全数检查。

9 采暖、通风与空调节能工程

9.1 一般规定

9.1.1 本章适用于温度不超过 95 ℃ 的室内集中热水采暖系统、通风与空调系统节能工程的施工质量验收。

9.1.2 采暖、通风与空调系统节能工程的验收,可按系统、楼层等进行,并应符合本规程第 3.4.1 条的规定。

9.1.3 采暖、通风与空调系统中的温度、压力、流量、热量、耗电量、燃料消耗量等监测和计量仪表,应按照要求进行检验、标定和维护,仪表工作应正常有效并可靠。

9.2 主控项目

9.2.1 采暖、通风与空调系统节能工程采用的设备、管道、管材、管件、阀门、仪表、保温(绝热)材料等产品进场时,应按设计要求对其类型、材质、规格及外观等进行检查验收,并应对下列产品的技术性能参数进行核查。

  1 组合式空调机组、柜式空调机组、新风机组、单元式空调机组、热回收装置等设备的冷量、热量、风量、风压、功率及额定热回收效率。

  2 风机的风量、风压、功率及其单位风量耗功率。

  3 金属风管的材质和厚度,复合风管的材质、成品风管的技术性能参数。

4　自控阀门与仪表的技术性能参数。

　5　锅炉的单台容量及其额定热效率。

　6　热交换器的单台换热量。

　7　电机驱动压缩机的蒸汽压缩循环冷水（热泵）机组的额定制冷量（制热量）、输入功率、性能系数（COP）及综合部分负荷性能系数（IPLV）。

　8　电机驱动压缩机的单元式空气调节机、风管送风式和屋顶式空气调节机组的名义制冷量、输入功率及能效比（EER）。

　9　蒸汽和热水型溴化锂吸收式机组及直燃型溴化锂吸收式冷（温）水机组的名义制冷量、供热量、输入功率及性能系数。

　10　冰蓄冷系统、水蓄冷系统的额定蓄冷量、输入功率、性能系数（COP）。

　11　循环水泵的流量、扬程、电机功率、集中采暖系统热水循环水泵耗电输热比（HER）、空调冷热水系统循环水泵输送能效比（ER）。

　12　冷却塔的流量及电机功率。

　13　自控阀门与仪表的技术性能参数。

检验方法：观察检查；技术资料和性能检测报告等质量证明文件与实物核对。

检查数量：全数检查。

9.2.2　采暖、通风与空调系统节能工程中采用的散热器、风机盘管机组、水环热泵机组进场时，应对其下列技术性能参数进行复验，复验应为见证取样送检：

1 散热器的单位散热量。

2 风机盘管机组的供冷量、供热量、风量、出口静压、噪声及功率。

3 整体式和分体式水环热泵机组的制冷量、制热量、风量、功率、噪声。

检验方法：现场随机抽样送检；核查复验报告。

检查数量：同一厂家、同材质、同规格的散热器，其数量在500组及以下时，各抽检2组；500组以上时，各抽检3组。

同一厂家同形式的风机盘管机组、水环热泵机组，每种形式数量在500台及以下时，抽检2台；数量在500台以上时，抽检3台；每增加500台增加抽检1台。

由同一施工单位施工的同一建设单位的多个单位工程（群体建筑），当使用同一生产厂家、同材质、同规格、同批次的散热器时，可合并计算按每10万平方米建筑面积各抽检3组；当使用同一生产厂家的风机盘管机组、整体式和分体式水环热泵机组时，可合并计算按每10万平方米建筑面积各抽检3台。不足10万平方米时，抽检3台。

9.2.3 采暖、通风与空调系统节能工程中采用的保温（绝热）材料及管道进场时，应对保温（绝热）材料及管道的导热系数、密度、吸水率等技术性能参数进行复验，复验应为见证取样送检。

检验方法：现场随机抽样送检；核查复验报告。

检查数量：同一厂家、同材质的保温（绝热）材料及管道见证取样送检的次数不得少于2次。

9.2.4 组合式空调机组、柜式空调机组、新风机组、单元式

53

空调机组、风机等设备进场时，应对其风量、出口静压及功率等技术参数进行现场检验。

检验方法：由建设单位委托有资质的检测机构进行现场检验，监理工程师旁站监理。

检查数量：同一厂家、同类别的设备按数量检验 2%，但不得少于 2 台。

9.2.5 采暖、通风与空调系统的安装应符合下列规定：

1 采暖、通风与空调系统的制式，应符合设计要求。

2 各种设备、自控阀门及仪表应按设计要求安装齐全，不得随意增减和更换。

3 室内温度调控装置、热计量装置、热力入口装置、水系统各分支管路水力平衡装置、温控装置与仪表的安装位置和方向应符合设计要求，并便于观察、操作和调试。

4 采暖与空调系统应能实现设计要求的分室（户或区）温度调控功能。

5 采暖与空调系统应能实现设计要求的分栋、分区或分户（室）冷、热计量或热量（费）分摊功能。

6 空调冷（热）水系统，应能实现设计要求的变流量或定流量运行。

7 供热系统应能根据热负荷及室外温度变化实现设计要求的集中质调节、量调节或质-量调节相结合的运行。

检验方法：观察检查。

检查数量：全数检查。

9.2.6 热水采暖系统中采用的散热器及其安装应符合下列规定：

1 每组散热器的规格、数量及安装方式应符合设计要求；

  2 散热器外表面应刷非金属性涂料。

  检验方法：观察检查。

  检查数量：按散热器组数抽检5%，不得少于5组。

9.2.7 热水采暖系统中采用的散热器恒温阀及其安装应符合下列规定：

  1 恒温阀的规格、数量应符合设计要求。

  2 明装散热器恒温阀不应安装在狭小和封闭空间，其恒温阀阀头应水平安装，且不应被散热器、窗帘或其他障碍物遮挡。

  3 暗装散热器的恒温阀应采用外置式温度传感器，并应安装在空气流通且能正确反映房间温度的位置上。

  检验方法：观察检查。

  检查数量：按总数抽检5%，不得少于5个。

9.2.8 低温热水辐射供暖系统的安装除了应符合本规程第9.2.5条的规定外，尚应符合下列规定：

  1 防潮层和绝热层的做法及绝热层的厚度应符合设计要求。

  2 室内温控装置的传感器应安装在避开阳光直射和有发热设备且距地1.4m的内墙面上。

  检验方法：防潮层和绝热层隐蔽前观察检查；用钢针刺入绝热层、尺量；观察检查、尺量室内温控装置传感器的安装高度。

  检查数量：防潮层和绝热层按检验批抽检5处，每处检查不少于5点；温控装置按每个检验批抽检10个。

9.2.9 采暖系统热力入口装置的安装应符合下列规定：

  1 热力入口装置中各种部件的规格、数量，应符合设计要求。

2 热计量装置、过滤器、压力表、温度计的安装位置、方向应正确,并便于观察、维护。

3 水力平衡装置及各类阀门的安装位置、方向应正确,并便于操作和调试。安装完毕后,应根据系统水力平衡要求进行调试并做出标志。

检验方法: 观察检查;核查进场验收记录和调试报告。

检查数量: 全数检查。

9.2.10 风管的制作与安装应符合下列规定:

1 风管的材质、断面尺寸及厚度应符合设计要求。

2 风管与部件、风管与土建风道及风管间的连接应严密、牢固。

3 风管的严密性及风管系统的严密性检验和漏风量,应符合设计要求或现行国家标准《通风与空调工程施工质量验收规范》GB 50243 的有关规定。

4 需要绝热的风管与金属支架的接触处、复合风管及需要绝热的非金属风管的连接和内部支撑加固等处,应有防热桥的措施,并应符合设计要求。

检验方法: 观察、尺量检查;核查风管及风管系统严密性检验记录。

检查数量: 按数量抽检 10%,且不得少于 1 个系统。

9.2.11 组合式空调机组、柜式空调机组、新风机组、单元式空调机组的安装应符合下列规定:

1 各种空调机组的规格、数量应符合设计要求。

2 安装位置和方向应正确,且与风管、送风静压箱、回风箱的连接应严密可靠。

3 现场组装的组合式空调机组各功能段之间连接应严

密，并应做漏风量的检测，其漏风量应符合现行国家标准《组合式空调机组》GB/T 14294 的有关规定。

　　4　机组内的空气热交换器翅片和空气过滤器应清洁、完好，且安装位置和方向必须正确，并便于维护和清理。

　　检验方法：观察检查；核查漏风量测试记录。

　　检查数量：按同类机组的数量抽检 20%，且不得少于 1 台。

9.2.12　风机盘管机组、多联式空调（热泵）机组、水环热泵机组的安装应符合下列规定：

　　1　规格、数量应符合设计要求。

　　2　位置、高度、方向应正确，并便于维护、保养。

　　3　机组与风管、回风箱及风口的连接应严密、可靠。

　　4　空气过滤器的安装应便于拆卸和清理。

　　检验方法：观察检查。

　　检查数量：按总数抽检 10%，且不得少于 5 台。

9.2.13　通风与空调系统中风机的安装应符合下列规定：

　　1　规格、数量应符合设计要求。

　　2　安装位置及进、出口方向应正确，与风管的连接应严密、可靠。

　　检验方法：观察检查。

　　检查数量：全数检查。

9.2.14　带热回收功能的双向换气装置和集中排风系统中的排风热回收装置的安装应符合下列规定：

　　1　规格、数量及安装位置应符合设计要求。

　　2　进、排风管的连接应正确、严密、可靠。

　　3　室外进、排风口的安装位置、高度及水平距离应符合设计要求。

4 新风及排风过滤器的安装应便于拆卸和清理。

检验方法： 观察检查。

检查数量： 按总数抽检20%，且不得少于1台。

9.2.15 锅炉、热交换器、电机驱动压缩机的蒸汽压缩循环冷水（热泵）机组、蒸汽或热水型溴化锂吸收式冷水机组及直燃型溴化锂吸收式冷（温）水机组等设备的安装，应符合下列要求：

1 规格、数量应符合设计要求。

2 安装位置及管道连接应正确。

检验方法： 观察检查。

检查数量： 全数检查。

9.2.16 冷却塔、水泵等辅助设备的安装应符合下列要求：

1 规格、数量应符合设计要求。

2 冷却塔设置位置应通风良好，并应远离厨房排风等高温气体。

3 管道连接应正确。

检验方法： 观察检查。

检查数量： 全数检查。

9.2.17 采暖与空调系统中空调机组回水管上的电动两通调节阀、风机盘管机组回水管上的电动两通（调节）阀、空调冷热水系统中的水力平衡阀、冷（热）量计量装置等自控阀门与仪表的安装应符合下列规定：

1 规格、数量应符合设计要求。

2 方向应正确，位置应便于操作和观察。

检验方法：观察检查。

检查数量：按类型数量抽查10%，且均不得少于1个。

9.2.18 采暖与空调系统中冷热源侧的电动两通调节阀、水力平衡阀及冷（热）量计量装置等自控阀门与仪表的安装应符合下列规定：

1 规格、数量应符合设计要求。

2 方向应正确，位置应便于操作和观察。

检验方法：观察检查。

检查数量：全数检查。

9.2.19 空调风管系统及部件的绝热层和防潮层施工应符合下列规定：

1 绝热材料的燃烧性能、材质、规格及厚度等应符合设计要求。

2 绝热层与风管、部件及设备应紧密贴合，无裂缝、空隙等缺陷，且纵、横向的接缝应错开。

3 绝热层表面应平整，当采用卷材或板材时，其厚度允许偏差为5mm；采用涂抹或其他方式时，其厚度允许偏差为10mm。

4 风管法兰部位绝热层的厚度，不应低于风管绝热层厚度的80%。

5 风管穿楼板和穿墙处的绝热层应连续不间断。

6 防潮层（包括绝热层的端部）应完整，且封闭良好，其搭接缝应顺水。

7 带有防潮层隔汽层绝热材料的拼缝处，应用胶带封严，粘胶带的宽度不应小于50mm。

8 风管系统部件的绝热，不得影响其操作功能。

检验方法：观察检查；用钢针刺入绝热层、尺量检查。

检查数量：管道按轴线长度抽查10%；风管穿楼板和穿墙处及阀门等配件抽查10%，且不得少于2个。

9.2.20 采暖管道、空调水系统管道和冷媒管道及配件的保温（绝热）层和防潮层施工应符合下列规定：

1 保温（绝热）材料的燃烧性能、材质、规格及厚度等应符合设计要求。

2 保温（绝热）管壳的粘贴应牢固、铺设应平整；硬质或半硬质的保温（绝热）管壳每节至少应用防腐金属丝或难腐织带或专用胶带进行捆扎或粘贴2道，其间距为300mm～350mm，且捆扎、粘贴应紧密，无滑动、松弛及断裂现象。

3 硬质或半硬质保温（绝热）管壳的拼接缝隙，保温时不应大于5mm、保冷时不应大于2mm，并用粘结材料勾缝填满；纵缝应错开，外层的水平接缝应设在侧下方。

4 松散或软质保温材料应按规定的密度压缩其体积，疏密应均匀；毡类材料在管道上包扎时，搭接处不应有空隙。

5 防潮层应紧密粘贴在保温层上，封闭良好，不得有虚粘、气泡、褶皱、裂缝等缺陷。

6 防潮层的立管应由管道的低端向高端敷设，环向搭接缝应朝向低端；纵向搭接缝应位于管道的侧面，并顺水。

7 卷材防潮层采用螺旋形缠绕的方式施工时，卷材的搭接宽度宜为30mm～50mm。

8 管道阀门、过滤器及法兰部位的保温(绝热)结构应严密，且能单独拆卸并不得影响其操作功能。

9 空调冷热水管穿楼板和穿墙处的绝热层应连续不间断，且绝热层与穿楼板和穿墙处的套管之间应用不燃材料填实，不得有空隙，套管两端应进行密封封堵。

检验方法：观察检查；用钢针刺入保温(绝热)层、尺量检查。

检查数量：按数量抽检10%，且保温(绝热)层不得少于10段、防潮层不得少于10m、阀门等配件不得少于5个。

9.2.21 空调水系统的冷热水管道及冷媒管道与支、吊架之间应设置绝热衬垫，其厚度不应小于绝热层厚度，宽度应大于支、吊架支承面的宽度。衬垫的表面应平整，衬垫与绝热材料之间应填实无空隙。

检验方法：观察、尺量检查。

检查数量：按数量抽检5%，且不得少于5个。

9.2.22 当输送介质温度低于周围空气露点湿度的管道，采用非闭孔绝热材料作绝热层时，其防潮层和保护层应完整，且封闭良好。

检验方法：观察检查。

检查数量：全数检查。

9.2.23 采暖、通风与空调系统安装完毕后，应对冷热源及其辅助设备、通风机和空调机组等设备进行单机试运转和调试，同时在制冷期或采暖期对空调与采暖系统分别进行制冷和供暖工况下的联合试运转及调试，包括系统的风量和水量平衡调试、冷热源机组能效及系统能效测试。

联合试运转及调试结果应符合设计要求,且允许偏差或规定值应符合表 9.2.23 的有关规定。当联合试运转及调试不在制冷期或采暖期时,应先对表 9.2.23 中序号 2、3、5、6、7、8 六个项目进行检测,并在第一个制冷期或采暖期内,带冷(热)源补做序号 1、4、9、10 四个项目的检测。

表 9.2.23 联合试运转及调试检测项目与允许偏差或规定值

序号	检测项目	允许偏差或规定值
1	室内温度	冬季不得低于设计计算温度 2 ℃,且不应高于 1 ℃;夏季不得高于设计计算温度 2 ℃,且不应低于 1 ℃
2	供热系统室外管网的水力平衡度	0.9~1.2
3	供热系统的补水率	≤0.5%
4	室外管网的热输送效率	≥0.92
5	空调机组的水流量	≤20%
6	空调系统冷热水、冷却水总流量	≤10%
7	风口风量	≤15%
8	系统总风量	≤10%
9	冷热源机组能效	应符合现行行业标准《公共建筑节能检测标准》JGJ/T 177—2009 第 8.2 节的规定
10	系统能效测试	应符合现行行业标准《公共建筑节能检测标准》JGJ/T 177—2009 第 8.6 节的规定

检验方法:观察检查;核查检测报告、试运转和调试记录。

检查数量:全数检查。

9.2.24 多联机空调系统安装完毕,应对系统进行气密性试验和抽真空干燥试验,以及制冷剂充注;在系统工程验收前,尚应进行系统带负荷运行的综合效果检验,检验效果应符合设计要求。

　　检验方法：核查系统清洗、气密性、真空干燥的试验记录及运行效果检验记录。

　　检查数量：全数检查。

9.3　一般项目

9.3.1　空调与采暖系统的冷热源设备及其辅助设备、配件等部件的保温层应密实、无空隙,且不得影响其操作功能。

　　检查数量：观察检查。

　　检查方法：按类别数量抽查10%,且均不得少于2件。

9.3.2　空气风幕机的规格、数量、安装位置和方向应正确,纵向垂直度和横向水平度的偏差均不应大于2/1000。

　　检查数量：观察检查。

　　检查方法：按总数量抽查10%,且均不得少于1台。

9.3.3　变风量末端装置与风管连接前宜做动作试验,确认运行正常后再封口。

　　检查数量：观察检查。

　　检查方法：按总数量抽查10%,且均不得少于2台。

10 太阳能光热系统节能工程

10.1 一般规定

10.1.1 本章适用于太阳能光热系统中热水和采暖节能工程施工质量的验收。

10.1.2 太阳能光热系统节能工程的验收，可根据施工安装特点按系统组成、楼层等进行，并应符合本规程第 3.4.1 条的规定。

10.2 主控项目

10.2.1 太阳能光热系统节能工程采用的集热设备、储热设备、辅助热源设备、换热器、水处理设备、水泵、电磁阀、阀门及仪表、管材、保温材料、电气及控制设备等产品进场时，应按设计要求对其类型、材质、规格及外观等进行验收。

　　检验方法：观察检查；核查质量证明文件和相关技术资料。

　　检查数量：全数检查。

10.2.2 太阳能光热系统节能工程采用的集热设备和保温材料等进场时，应对其下列技术性能参数进行复验，复验应为见证取样送检：

　　1　集热设备的集热效率。

　　2　保温材料的导热系数、密度、吸水率。

　　检验方法：现场随机抽样送检；核查复验报告。

检查数量：同一厂家、同一品种的集热器按照下列规定进行见证取样送检，分散式：500台及以下抽检1台，500台以上抽检2台；集中分散式、集中式：200台及以下抽检1台，200台以上抽检2台；同一厂家、同材质的保温材料见证取样送检的次数不得少于2次。

10.2.3 太阳能光热系统的安装应符合下列规定：

 1 太阳能光热系统的形式，应符合设计要求。

 2 集热器、阀门、过滤器、温度计及仪表应按设计要求安装齐全，不得随意增减和更换。

 3 储热装置、水泵、换热装置、水力平衡装置安装位置和方向应符合设计要求，并便于观察、操作和调试。

 4 超温报警装置必须可靠并应与安全阀联动。

 5 集热系统基座应与建筑主体结构连接牢固；支架应采取抗风、抗震、防雷、防腐措施，并与建筑物接地系统可靠连接。

检验方法：观察检查。

检查数量：全数检查。

10.2.4 集热器及其安装应符合下列规定：

 1 每台集热器的规格、数量及安装方式应符合设计要求。

 2 集热器与基座、支架连接必须牢固且应做防腐处理。

 3 集热器安装倾角和定位应符合设计要求，安装倾角和定位误差为±3°。

 4 集热器连接波纹管安装不得有凸起现象。

检验方法：观察检查。

检查数量：按总数抽查5%，但不得少于5组。

10.2.5 储水箱检验应符合下列规定：

  1 用于制作储水箱的材质、规格应符合设计要求。
  2 储水箱应与底座固定牢靠。
  3 储水箱内外壁均按设计要求做好防腐处理，内壁防腐应卫生、无毒，且应能承受所储存热水的最高温度和压力要求。
  4 储水箱内箱应做接地处理。
  5 储水箱保温材料及性能应符合设计要求。
  6 敞口水箱的满水试验和密闭水箱的水压试验必须符合设计。
  检验方法：观察检查；满水试验静置24h观察，不渗不漏；水压试验在试验压力下10min压力不降，不渗不漏。
  检查数量：分散式：总数的2%且不得少于2台；集中分散式、集中式：全数检查。

10.2.6 排气阀、安全阀及其安装应符合下列规定：
  1 排气阀、安全阀的规格、数量应符合设计要求。
  2 排气阀、安全阀安装位置应符合设计要求，并便于观察、操作和调试。
  检验方法：观察检查。
  检查数量：按总数抽查5%，排气阀不得少于5个，安全阀不得少于1个。

10.2.7 太阳能光热系统的管道敷设安装应符合下列规定：
  1 管道部件的材质及规格应符合设计要求。
  2 管道应独立设置管井，冷热水管道应分别敷设、压力表、温度计的安装位置、方向应正确，并便于观察、维护。
  3 各类阀门的安装位置、方向应正确，并便于操作、调试和维修。安装完毕后，应根据系统要求进行调试并做出标志。

4 管道的坡向及坡度应符合设计要求,当设计无要求时,坡度为 0.003～0.005。

5 管道的最高端排气阀及最低端排污阀数量、规格、位置应符合设计要求。

6 水泵等设备在室外安装应采取妥当的防雨、防晒、防冻等保护措施。

检验方法:观察检查;核查进场验收记录和调试报告。

检查数量:全数检查。

10.2.8 太阳能光热系统的管道安装完成后应进行管道的水压试验及管道的冲洗,且水压试验及管道冲洗必须符合设计要求。当设计未注明时,管道系统水压试验压力为系统顶点压力加 0.1MPa,同时在系统顶点压力的试验压力不小于 0.3MPa;管道冲洗排放口水质必须清澈无杂质。

检验方法:观察检查;核查试验记录。

检查数量:全数检查。

10.2.9 辅助电加热设备安装应符合设计要求,对永久接地保护可靠固定,并加装防漏电、防干烧等保护装置。

检验方法:观察检查;核查质量证明文件和相关技术资料。

检查数量:全数检查。

10.2.10 管道保温层和防潮层的施工应符合下列规定:

1 管道保温应在水压实验合格后进行,保温层的燃烧性能、材质、规格及厚度等应符合设计要求。

2 保温管壳的粘贴应牢固、铺设应平整。软质保温材料应按规定的密度压缩其体积,疏密应均匀。毡类材料在管道上包扎时,搭接处不应有空隙。

3 防潮层应紧密粘贴在保温层上,封闭良好,不得有虚粘、气泡、褶皱、裂缝等缺陷。

4 防潮层的立管应由管道的低端向高端敷设，环向搭接缝应朝向低端；纵向搭接缝应位于管道的侧面并顺水。

5 卷材防潮层采用螺旋形缠绕的方式施工时，卷材的搭接宽度宜为 30mm～50mm。

6 阀门及法兰部位的保温层结构应严密，且能单独拆卸并不得影响其操作功能。

检验方法：观察检查；用钢针刺入保温层、尺量。

检查数量：按数量抽查 10%，且保温层不得少于 10 段、防潮层不得少于 10m、阀门等配件不得少于 5 个。

10.2.11 太阳能热水采暖系统安装完毕后，应进行联合试运转和调试。联合试运转和调试结果应符合设计要求。系统联动调试完成后，系统应连续运行 **168h**，设备及主要部件的联动必须协调，动作准确，无异常现象。

检验方法：检查系统试运转和调试记录。

检查数量：全数检查。

10.2.12 太阳能热水、太阳能采暖系统联合试运转和调试正常后应对太阳能光热系统节能性能进行现场检验。

检验方法：依据《可再生能源建筑应用工程评价标准》GB/T 50801 进行现场实体检验，根据辐照量、环境温度检测辅助能源耗能量、集热系统得热量、太阳能保证率、集热系统效率、采暖房间温度、储热水箱热损系数。

检查数量：分散式，500 台及以下抽检 1 台，500 台以上抽检 2 台；集中分散式、集中式，200 台及以下抽检 1 台，200 台以上抽检 2 台。

10.3 一般项目

10.3.1 太阳能集中热水供应系统应设热水回水管道；应保证干管和立管中的热水循环及供水压力平衡。

  检验方法：观察检查；核查质量证明文件和相关技术资料。

  检查数量：全数检查。

10.3.2 根据建筑类型和使用要求合理确定太阳能热水系统在建筑中的位置，并做到太阳能热水系统与建筑一体化。

  检验方法：观察检查；核查质量证明文件和相关技术资料。

  检查数量：全数检查。

11 太阳能光伏节能工程

11.1 一般规定

11.1.1 本章适用于太阳能光伏系统建筑应用节能工程施工质量的验收。

11.1.2 太阳能光伏系统节能工程的验收，可根据施工安装特点按系统组成进行，并应符合本规程第3.4.1条的规定。

11.2 主控项目

11.2.1 太阳能光伏系统节能工程采用的光伏组件、汇流箱、电缆、并网逆变器、配电设备等进场时，应按设计要求对其类型、材质、规格及外观等进行核查验收。

　　检验方法：观察检查；核查质量证明文件和相关技术资料。

　　检查数量：全数检查。

11.2.2 太阳能光伏系统的安装应符合下列规定：

　　1 太阳能光伏系统的形式，应符合设计要求。

　　2 光伏组件、汇流箱、直流配电柜、连接电缆、触电保护和接地、并网逆变器、配电设备及配件等应按照设计要求安装齐全，不得随意增减、合并和替换。

　　3 配电设备和控制设备安装位置等应符合设计要求，并便于观察、操作和调试。

　　4 电气设备的外观、结构、标识和安全性应符合设计要求。

检验方法：观察检查。

检查数量：全数检查。

11.2.3 太阳能光伏系统的试运行与测试应符合下列规定：

    1 电气设备应符合《建筑物电气装置》GB/T 16895 的要求。

    2 保护装置和等电位体的测试应合格。

    3 极性测试应合格。

    4 光伏组串电流和试运转应合格。

    5 功能测试应合格。

    6 光伏方阵绝缘阻值测试应合格。

    7 光伏方阵标称功率测试应合格。

    8 电能质量的测试应合格。

    9 系统电气效率测试应合格。

检验方法：观察检查，并采用专业测试设备如万用表、光照测试仪等专业测试设备进行现场实测。

检查数量：根据项目类型，抽取不少于每个类型2个点进行检查。

11.2.4 太阳能光伏系统联合试运转和调试正常后应进行节能性能现场检验。

检验方法：依据《可再生能源建筑应用工程评价标准》GB/T 50801 进行现场实体检验，根据辐照量、环境温度检测太阳能光伏系统光电转换效率。

检测数量：分散式，500台及以下抽检1台，500台以上抽检2台；集中分散式、集中式，200台及以下抽检1台，200台以上抽检2台。

11.3 一般项目

11.3.1 太阳能光伏系统建筑节能工程采用的光伏组件、汇流箱、电缆、逆变器、充放电控制器、储能蓄电池、电网接入单元、主控和监视系统、触电保护和接地、配电设备及配件等进场时,应按设计要求对其类型、材质、规格及外观等进行验收,并应经监理工程师(建设单位代表)检查认可,且应形成相应的验收记录。

  检验方法: 观察检查。核查质量证明文件和相关技术资料。

  检查数量: 全数检查。

11.3.2 太阳能光伏系统安装完成后应按设计要求或相关规定完整标识。

  检验方法: 观察检查。

  检查数量: 全数检查。

12 地源热泵换热系统节能工程

12.1 一般规定

12.1.1 本章适用于地源热泵换热系统中地埋管、地下水、地表水、污水换热系统节能工程施工质量的验收。

12.1.2 地源热泵换热系统节能工程的验收,应按照不同地热能交换形式进行,并应符合本规程第 3.4.1 条的规定;地源热泵建筑物内系统施工质量的验收,应按照本规程第 9 章的有关规定执行。

12.2 主控项目

12.2.1 地源热泵换热系统节能工程采用的管材、管件、热源井水泵、阀门、仪表及绝热材料等产品进场时,应按设计要求对其类型、材质、规格及外观等进行核查验收。

检验方法:观察检查;核查性能检测报告等质量证明文件和相关技术资料。

检查数量:全数核查。

12.2.2 地源热泵地埋管换热系统地埋管材及管件、绝热材料进场时,应对其下列技术性能参数进行复检,复检应为见证取样送检。

1 地埋管材及管件的外径、壁厚、导热系数、物理力学性能。

2 绝热材料的导热系数、密度、吸水率。

检验方法：现场随机抽样送检；核查复验报告。

检查数量：每批次地埋管材进场取 2m 进行见证取样送检；每批次管件进场按其数量的 1%进行见证取样送检；同一厂家、同材质的绝热材料见证取样送检的次数不得少于 2 次。

12.2.3 地源热泵地表水换热系统的施工应符合下列规定：

1 施工前应具备地表水换热系统勘察资料、设计文件和施工图纸，并完成施工组织设计。

2 闭式地表水地源热泵系统换热器的材质、直径、厚度及长度，布置方式及管沟设置，均应符合设计要求。

3 水压试验应符合现行国家标准《地源热泵系统工程技术规范》GB 50366 的有关规定。

4 各环路流量应平衡，且应满足设计要求。

5 循环水流量及进出水温差均应符合设计要求。

检验方法：观察检查；核查相关资料、文件、进场验收记录及检测报告。

检查数量：全数检查。

12.2.4 地源热泵污水换热系统的施工应符合下列规定：

1 施工前应对项目所用污水的水质、水温及水量进行测定，应具备相应设计文件和施工图纸，并完成施工组织设计。

2 水泵、管材、阀门、过滤设备、换热器选型均应符合设计要求，并应具备防阻设备。

3 循环水流速应符合设计要求。

4 水压试验应符合现行国家标准《地源热泵系统工程技术规范》GB 50366 的有关规定。

检验方法：观察检查；核查相关资料、文件、进场验收记录及检测报告。

检查数量：全数检查。

12.2.5 开式地表水换热系统取水与退水系统施工完毕，应进行连续取水量及水质检测：

1 检测前应进行取水与退水系统管网冲洗。

2 检测时当主机未安装时，应将取水系统与退水系统临时连通。

3 产水量测定应连续 8h，系统产水量不应小于设计水量；

4 应在取水量试验完成时提取水样进行水质分析，水质应符合设计要求。

5 渗渠取水抽水清洗与取水量测定还应符合下列规定：

　　1）抽水清洗前应将渠中的泥沙和其他杂物清除干净。

　　2）抽水清洗时，应将集水井中水位降到集水管管底以下停止抽水。待水位回升至静水位左右应再行抽水。并应在抽水时取水样，测定含沙量。

　　3）抽水清洗时的静水位、水位下降值及含沙量测定结果应及时做好记录。

　　4）经抽水清洗后，应测定大口井或渗渠集水井中的静水位。

　　5）按设计取水量进行抽水，并测定井中的相应或水位。当含水层的水文地质情况与设计不符时，应测定实际产水量及相应的水位。

　　6）取水量及其相应的水位下降值的测定结果，应及时做记录。

6 取水量测定宜在枯水季节进行。

检验方法： 检查抽水清洗和取水量的测试记录。

检查数量： 全数检查。

12.2.6 闭式地表水换热系统施工完毕应依据现行国家标准《地源热泵系统工程技术规范》GB 50366 的规定进行水压试验，并应进行换热能力抽检，测试数据与设计值误差应在 ±5%以内。

检验方法： 旁站，检查换热能力测试报告及水压试验报告。

检查数量： 抽查总换热单体数量的 2%，不少于 1 组。

12.2.7 闭式地表水换热系统施工完毕，应进行换热系统水力平衡调节与测试，各环路流量应平衡，与设计流量偏差不大于 10%。

检验方法： 旁站，检查测试记录。

检查数量： 全数检查。

12.2.8 地源热泵地下水换热系统的施工应符合下列规定：

1 施工前应具备热源井及周围区域的水文地质勘察资料、设计文件和施工图纸，并完成施工组织设计。

2 热源井的数量、井位分布及取水层位应符合设计要求。

3 井身结构、井管配置、填砾位置、滤料规格、止水材料和管材及抽灌设备选用均应符合设计要求。

4 对热源井和输水管网应单独进行验收，且应符合现行国家标准的规定。

5 热源井持续出水量和回灌量应稳定，并应满足设计要求。

6 抽水试验结束前应采集水样进行水质测定和含沙量测

定，经处理后的水质应满足系统设备的使用要求。

7 施工单位应提交热源成井报告作为验收依据。报告应包括热源井的井位图和管井综合柱状图，洗井和回灌试验、水质检验及验收资料。

检验方法：观察检查；核查相关资料、文件、进场验收记录及检测报告。

检查数量：全数检查。

12.2.9 热源井应单独进行验收，且应符合现行国家标准《供水管井技术规范》GB 50296 及《供水水文地质钻探与凿井操作规程》CJJ 13 的规定。

12.2.10 所有抽水井与回灌井均应有成井竣工报告并至少包括下列内容：文字说明、管井平面位置图和示意图、管井综合柱状图、土样或岩样资料、抽回灌试验资料、洗井记录、含沙量测试记录、水质检验记录、井管验收单。

12.2.11 热源井在成井后应及时洗井并满足下列规定：

1 洗井应在井管安装完毕并填砾后立即进行。

2 洗井方法应以活塞和空压机联合洗井的方式为主。

3 严禁使用化学试剂洗井。

4 洗井结束现场验收水的含沙量应小于 1/200000（体积比）。

5 洗井结束后，应捞取井内沉淀物，沉淀物的高度，应小于井深的 5‰。

检验方法：旁站观察；检查施工记录及影像资料，洗井报告及测试报告。

检查数量：全数检查。

12.2.12 热源井洗井结束后应进行水文地质试验，并符合下列规定：

1 所有热源井均应进行水文地质试验。

2 抽水试验应稳定延续12h，降深应根据取水量、环境影响等综合确定，一般在松散含水层中不应大于5m；单井出水量不应小于单井设计水量。

3 回灌试验应稳定延续36h以上，回灌量应大于设计回灌量。

检验方法：旁站观察；检查施工验收记录及影像资料，检查试验报告。

检查数量：全数检查。

12.2.13 水文地质试验结束时应采集水样，进行水质测定和含沙量测定，测定结果应符合设计要求。

检验方法：检查测试报告。

检查数量：全数检查。

12.2.14 地源热泵换热系统施工进场后，应根据施工工艺及埋管区域的种类分别进行热响应试验，检测结果若与设计参数不一致时应提交设计单位进行设计修改或调整施工工艺。热响应试验应符合现行国家标准《地源热泵系统工程技术规范》GB 50366的规定。

检验方法：核查复检报告。

检查数量：同一埋管工艺、同一埋管区域检测不得少于1组。

12.2.15 地埋管换热器施工完毕后，应委托有资质的第三方检测机构对其在设计工况下的每延米换热能力进行复检，复检为现场实体抽检，换热能力应与设计值偏差在±5%以内。

检验方法：核查复检报告。

检查数量：同一埋管工艺、同一埋管区域抽查 2%，且不得少于 1 组。

12.2.16 室外换热系统施工完毕应进行水力平衡测定调节与测试，各环路流量应平衡，与设计流量偏差不大于 10%。

检验方法：核查测试记录。

检查数量：全数检查。

12.3 一般项目

12.3.1 水处理设备安装所预留的清淤及检修空间应符合设计要求。

检验方法：现场观察。

检查数量：全数检查。

12.3.2 所有土壤中及建筑结构中的单组换热器应为整盘管道，除 U 形弯头处不应有管件接头。

检验方法：旁站观察；检查施工验收记录及影像资料。

检查数量：按类型抽检 20%，各项不得小于 10 组。

12.3.3 地埋管施工完毕应始终保持工作水压，在其他工种作业过程中采取有效的保护措施，每天记录水压。

检验方法：观察检查；检查施工验收记录，检查试验记录。

检查数量：全数检查。

12.3.4 地源热泵地埋管换热系统的水平干管管沟开挖及管沟回填应符合下列规定：

1 水平干管管沟开挖应保证 0.002 的坡度。

2　水平管沟回填料应保证与管道接触紧密,并不得损伤管道。

　　检验方法:观察检查;核查隐蔽工程验收记录。

　　检查数量:全数检查。

12.3.5　地源热泵地下水换热系统的热源井应具备长时间抽水和回灌的双重功能,并且抽水井与回灌井间应设排气装置。

　　检验方法:观察检查;核查相关资料、文件。

　　检查数量:全数检查。

13 配电与照明节能工程

13.1 一般规定

13.1.1 本章适用于建筑节能工程配电与照明的施工质量验收。

13.1.2 建筑配电与照明节能工程验收的检验批划分应按本规程第 3.4.1 条的规定执行。当需要重新划分检验批时，可按照系统、楼层、建筑分区划分为若干个检验批。

13.1.3 建筑配电与照明节能工程的施工质量验收，应符合本规程和《建筑电气工程施工质量验收规范》GB 50303 的有关规定、已批准的设计图纸、相关技术规定的要求。

13.2 主控项目

13.2.1 配电与照明节能工程采用的动力设备、电线电缆、照明光源、灯具及其附属装置等产品进场时，应按设计要求对其类型、材质、规格及外观等进行核查验收。

检验方法：观察检查；技术资料和性能检测报告等质量证明文件与实物核对。

检查数量：全数检查。

13.2.2 配电与照明节能工程采用的照明光源、灯具及其附属装置进场时，应对其下列技术性能参数进行复验，复验应为见证取样送检：

1 荧光灯灯具、高强度气体放电灯灯具和 LED 灯具效率。

 2 荧光灯、金属卤化物灯、高压钠灯初始光效。
 3 管型荧光灯镇流器能效值。
 4 照明设备谐波含量值。
 检验方法：现场随机抽样送检；核查复验报告。
 检查数量：同一厂家、同材质、同类型的，按其数量500个（套）及以下时各抽检2个（套），500个（套）以上时各抽检3个（套）；由同一施工单位施工的同一建设单位的多个单位工程（群体建筑），当使用同一生产厂家、同材质、同类型、同批次的，可合并计算按每10万平方米建筑各抽检3个（套）。

13.2.3 低压配电系统选择的电缆、电线截面不得低于设计值，进场时应对其每芯导体电阻值进行见证取样送检。每芯导体电阻值应符合表13.2.3的规定。

表13.2.3 不同标称截面的电缆、电线每芯导体最大电阻值

标称截面面积（mm^2）	20°C时导体最大电阻（MΩ/m）
	圆铜导体（不镀金属）
0.5	36.0
0.75	24.5
1.0	18.1
1.5	13.1
2.5	7.41
4	4.61
6	3.08
10	1.83

续表

标称截面面积（mm²）	20°C时导体最大电阻（MΩ/m）
	圆铜导体（不镀金属）
16	1.15
25	0.727
35	0.524
50	0.337
70	0.268
95	0.193
130	0.153
150	0.124
185	0.0991
240	0.0754
300	0.0601

检验方法：进场时抽样送检，验收时核查检验报告。

检查数量：同厂家各种规格总数的10%，且不少于2个规格。

13.2.4 工程安装完成后应对配电系统进行调试，调试合格后应对配电系统电压偏差和功率因数进行检测。其中：

1 用电单位受电端电压允许偏差：三相供电电压允许偏差为标称系统电压的±7%；单相220V为+7%、-10%。

2 正常运行情况下用电设备端子处电压允许偏差：对于

室内照明为±5%，一般用途电动机为±5%、电梯电动机为±7%，其他无特殊规定设备为±5%。

3 10kV及以下配电变压器低压侧，功率因数不低于0.9；高压侧的功率因素，应符合当地供电部门的规定。

检验方法：大型用电设备均可投入的情况下，使用标准仪器仪表进行现场测试；对于室内插座等装置使用带负载模拟的仪表进行测试。

检查数量：受电端全部检查，末端处抽测5%。

13.2.5 在通电试运行中，应测试并记录照明系统的照度和功率密度值。

1 照度值不得小于设计值的90%。

2 功率密度值应符合《建筑照明设计标准》GB 50034或设计的规定。

检验方法：检测被检区域内平均照度和功率密度。

检查数量：每种功能区检查不少于2处。

13.3 一般项目

13.3.1 母线与母线或母线与电器接线端子，当采用螺栓搭接连接时，应采用力矩扳手拧紧，制作应符合《建筑电气工程施工质量验收规范》GB 50303标准中有关规定。

检验方法：使用力矩扳手对压接螺栓进行力矩检测。

检查数量：母线按检验批抽查10%。

13.3.2 交流单芯电缆或分相后的每相电缆宜品字形（三叶形）敷设，且不得形成闭合铁磁回路。

检验方法：观察检查。

检查数量：全数检查。

13.3.3 三相照明配电干线的各相负荷宜分配平衡,其最大相负荷不宜超过三相负荷平均值的 115%,最小相负荷不宜小于三相负荷平均值的 85%。

检验方法：在建筑物照明通电试运行时开启全部照明负荷,使用三相功率计检测各相负载电流、电压和功率。

检查数量：全部检查。

14 监测与控制节能工程

14.1 一般规定

14.1.1 本章适用于建筑节能工程监测与控制系统的施工质量验收。

14.1.2 监测与控制系统验收的主要对象应为采暖、通风与空气调节和供配电与照明工程所采用的监测与控制系统、能耗计量系统以及建筑能源管理系统。

建筑节能工程所涉及的可再生能源利用、建筑冷热电联供系统、能源回收利用以及其他节能建筑设备监控部分的验收，如地源热泵工程地下水地表水监测系统、岩土温度场监测系统等，应参照本章的相关规定执行。

14.1.3 监测与控制系统的验收分为工程实施和系统检测两个阶段。

14.1.4 工程实施阶段，由施工单位和监理单位在施工过程中对施工质量管理文件、设计符合性、产品质量、安装质量、调试及试运行进行检查，及时对隐蔽工程和相关接口进行检查，形成详细的文字和图像资料，并对监测与控制系统进行不小于168h 的不间断试运行。

14.1.5 系统检测内容应包括对工程实施文件和系统自检文件的复核，对监测与控制系统的安装质量、系统节能监控功能、能源计量及建筑能源管理等进行检查和检测。

系统检测内容分为主控项目和一般项目，系统检测结果是监测与控制系统的验收依据。

14.1.6 对不具备试运行条件的项目,应在审核调试记录的基础上进行模拟检测,以检测监测与控制系统的节能监控功能。

14.2 主控项目

14.2.1 监测与控制采用的设备、传感器、材料及附属产品进场时,应按照设计要求对其品种、规格、型号、外观和性能等进行检查验收,应对下列产品进行重点检查:

  1 涉及系统集成的部分应在设备进场前进行工厂测试(FAT),测试内容包括接口兼容性、接口双方各自故障不影响另一方。

  2 自动控制阀门和执行机构应检查是否与设计相符。

  3 变风量末端(VAV)自带控制器时,控制器应具备PID控制功能和基本运算功能。

  检验方法:对照设计要求核查质量证明文件和相关技术资料;进行外观检查。

  检查数量:全数检查。

14.2.2 监测与控制系统安装质量应符合以下规定:

  1 传感器的安装质量应符合《自动化仪表工程施工及验收规范》GB 50093的有关规定。

  2 阀门型号和参数应符合设计要求,其安装位置、阀前后直管段长度、流体方向等应符合设计要求。

  3 压力和差压仪表的取压点、仪表配套的阀门安装应符合设计要求。

  4 流量仪表的型号和参数、仪表前后的直管段长度等应符合设计要求。

5 温度传感器的安装位置、插入深度应符合设计要求。

6 变频器安装位置、电源回路敷设、控制回路敷设应符合设计要求。

7 智能化变风量末端装置的温度设定器安装位置应符合设计要求。

8 涉及节能控制的关键传感器应预留检测孔或检测位置，管道保温时应做明显标注。

9 阀门执行机构、变频器的动力线路必须与控制线路分管布线。

10 模拟控制线应采用多芯铜导线，并做好屏蔽和接地。

11 户外设备进入建筑物时应设置防雷装置。

检验方法：对照图纸或产品说明书目测和尺量检查。

检查数量：每种仪表按20%抽检，不足10台全部检查。

14.2.3 监控系统安装完成后应按控制回路逐项检查测试：

1 外观检查：检查控制部件有无缺陷及损伤、电缆桥架导管安装固定是否正确，应做到布线整齐、标志清晰、完整、准确。

2 电路连续性测试通过。

3 绝缘及接地电阻测试符合设计要求。

4 射频干扰测试符合设计要求。

14.2.4 软件安装完毕并完成系统地址配置后，在软件加载到现场控制器前，应对中央控制站软件功能进行逐条测试，测试内容包括：系统集成功能、数据采集功能、报警器联锁控制、设备运行状态显示、远动控制功能、程序参数下载、保护功能、紧急事故运行模式切换、历史数据处理等。上述检测均应符合设计要求。

检验方法：按照施工检测验收大纲进行。

检测数量：全部检测。

14.2.5 对现场控制装置和现场仪表进行逐台通电测试。

检验方法：用信号发生器、毫伏表、脉冲发生器等仪器对现场控制装置进行测试。

14.2.6 系统调试和试运行

系统调试应与采暖空调系统平衡调试一起进行，实现监控系统和被控设备协调稳定运行，自动控制系统成功投入并稳定运行。系统调试完成后应进行不少于168h的连续试运行，其中应包括不少于24h的满负荷运行。

14.2.7 对经过试运行的项目，其系统的投入情况、监控功能、故障报警联锁控制及数据采集等功能，应符合设计要求。

检验方法：调用节能监控系统的历史数据、控制流程图和试运行记录，对数据进行分析。

检查数量：检查全部进行过试运行的系统。

14.2.8 空调与采暖的冷热源、空调水系统的监测控制系统应可靠运行，控制及故障报警功能应符合设计要求。

检验方法：在中央工作站使用监测系统软件，或采用在直接数字控制器或冷热源系统自带控制器上改变参数设定值和输入参数值，检测控制系统的投入情况及控制功能；在工作站或现场模拟故障，检测故障监视、记录和报警功能。

检查数量：全部检测。

14.2.9 通风与空调监测控制系统的控制功能及故障报警功能应符合设计要求。

检验方法：在中央工作站使用系统监测软件，或采用在直接数字控制器或通风与空调系统自带控制器上改变参数设定值和输入参数值，检测控制系统的投入情况及控制功能；在工作站或现场模拟故障，检测故障监视、记录和报警功能。

检查数量： 按总数的20%抽样检测，不足5台全部检测。

14.2.10 监测与计量装置的检测计量数据应准确，并符合系统对测量准确度的要求。

检验方法： 用标准仪器仪表在现场实测数据，将此数据分别与直接数字控制器和中央工作站显示数据进行比对。

检查数量： 按20%抽样检测，不足10台全部检测。

14.2.11 供配电的监测与数据采集系统应符合设计要求。

检验方法： 试运行时，监测供配电系统的运行工况，在中央工作站检查运行数据和报警功能。

检查数量： 全部检测。

14.2.12 照明自动控制系统的功能应符合设计要求，当设计无要求时应实现下列控制功能：

  1 大型公共建筑的公用照明区应采用集中控制并应按照建筑使用条件和天然采光状况采取分区、分组控制措施，并按需要采取调光或降低照度的控制措施。

  2 旅馆的每间（套）客房应设置节能控制型开关。

  3 居住建筑有天然采光的楼梯间、走道的一般照明，应采用节能自熄开关。

  4 每组照明开关所控制的光源数量不宜太多，每个房间的开关数不宜少于2组（只设一个光源的除外）。

  5 当房间或场所设有两列或多列灯具时，应实现下列控制方式：

    1）所控灯列与侧窗平行。

2）电教室、会议室、多功能厅、报告厅等场所，按靠近或远离讲台分组。

3）大空间场所间隔控制或调光控制。

检验方法：

1　现场操作检查控制方式。

2　依据施工图，按回路分组，在中央工作站上进行被检回路的开关控制，观察相应回路的动作情况。

3　在中央工作站改变时间表控制程序的设定，观察相应回路的动作情况。

4　在中央工作站采用改变光照度设定值、室内人员分布等方式，观察相应回路的控制情况。

5　在中央工作站改变场景控制方式，观察相应的控制情况。

检查数量： 现场操作检查为全数检查，在中央工作站上检查按照明控制箱总数的5%检测，不足5台全部检测。

14.2.13　综合控制系统应对以下项目进行功能检测，检测结果应满足设计要求：

1　建筑能源系统的协调控制。

2　采暖、通风与空调系统的优化监控。

检验方法： 采用人为输入数据的方法进行模拟测试，按不同的运行工况检测协调控制和优化监控功能。

检查数量： 全部检测。

14.2.14　建筑能源管理系统的能耗数据采集与分析功能，设备管理和运行管理功能，优化能源调度功能，数据集成功能应符合设计要求。

检验方法： 对管理软件进行功能检测。

检查数量： 全部检查。

14.2.15 监测与计量系统需符合以下要求：

1 数据应准确，用于结算的计量装置应符合《中华人民共和国计量法》的规定；用于节能、管理的监测装置应符合设计要求或系统对测量准确度的要求。

2 重要计量、监测装置应采用不间断电源供电。

3 重要数据应具备存储、导出功能。

4 监测装置设置应符合以下原则：

　　1）分区、分类、分系统、分项进行监测。

　　2）对主要能耗系统、大型设备的耗能量（含燃料、水、电、汽）、输出冷（热）量等参数进行检测。

5 系统宜具备数据远传功能。

检验方法：视检；利用标准仪器现场实测数据，并将此数据与直接数字控制器和工作站显示数据进行比对。

检查数量：按总数20%抽样，10台以下全部检测。

14.2.16 可再生能源监测系统的功能应符合设计要求，当设计无要求时，应实现下列监测功能：

1 地源热泵系统：室外温度、典型房间室内温湿度、系统热源侧与用户侧进出水温度和流量、系统耗电量、机组热源侧与用户侧进出水温度和流量、机组耗电量。

2 太阳能热水、太阳能供热采暖系统：室外温度、典型房间室内温度、辅助热源耗电量、集热系统进出口水温、集热系统循环水流量、太阳总辐射量。

3 太阳能供热制冷系统：室外温度、辅助热源耗电量、集热系统进出口水温、集热系统循环流量、机组进出口水温、机组用户侧循环水流量、典型房间室内温湿度。

4 太阳能光伏系统：室外温度、太阳总辐射量、光伏组件背板表面温度、发电量。

检验方法：用标准仪器仪表在现场实测数据，将此数据分别与工作站显示数据进行比对，电量变送器精度偏差不大于1%，温度传感器精度偏差不大于 0.1°C。

检查数量：全部检查。

14.2.17 冷冻水泵采取变频调节控制方式时，其最低频率工况下，机组、水泵应能满足设计要求，安全、可靠、节能运行。

检验方法：利用标准仪器现场实测数据，计算得出机组COP、水泵运行效率。

检测数量：全部检测。

14.2.18 自动扶梯无人乘行时，应自动减速运行或停运。

检验方法：视检。

检测数量：全部检测。

14.2.19 地源热泵监测与控制系统还应符合以下规定：

1 监测与控制系统应有完善的施工方案。

2 地下水地源热泵系统监测内容应包括地下温度场、抽水量、回灌量、地下水位、水质和含水层结构变化等。

3 地表水地源热泵系统监测内容应包括河水（含污水）温度、抽水量、回排量、河水水位、水质等。

4 地埋管地源热泵系统监测内容应包括地下土壤温度、地埋管网进出水温度等，每个项目应根据埋管区域至少设置 1 口土壤温度监测井，监测井应独立设置于井群的中心区域，监测井内温度传感器每 5m 设置一组。

5 所有设置于室外、地表水中、地下水中、土壤中的传感器、线管、线缆等均应有可靠的防水防腐蚀措施，确保其使用满足寿命要求。

检验方法： 观察检查，查看产品资料、施工过程资料及调试记录。

检查数量： 全数检查。

14.3 一般项目

14.3.1 检测监测与控制系统的可靠性、实时性、可维护性等系统性能，主要包括下列内容：

 1 控制设备的有效性，执行器动作应与控制系统的指令一致，控制系统性能稳定符合设计要求。

 2 控制系统的采样速度、操作响应时间、报警反应速度应符合设计要求。

 3 冗余设备的故障检测正确性及其切换时间和切换功能应符合设计要求。

 4 应用软件的在线编程（组态）、参数修改、下载功能，设备及网络故障自检测功能应符合设计要求。

 5 控制器的数据存储能力和所占存储容量应符合设计要求。

 6 故障检测与诊断系统的报警和显示功能应符合设计要求。

 7 设备启动和停止功能及状态显示应正确。

 8 被控设备的顺序控制和联锁功能应可靠。

 9 应具备自动控制/远程控制/现场控制模式下的命令冲突检测功能。

 10 人机界面及可视化检查。

检验方法： 分别在中央站、现场控制器和现场利用参数设定、程序下载、故障设定、数据修改和事件设定等方法，通过与设定的显示要求对照，进行上述系统的性能检测。

检查数量：全部检测。

14.3.2 监控室设备布置及安装应符合下列规定：

1 控制台正面与墙的净距不应小于1.20m；侧面与墙的净距不宜小于0.80m。

2 设备配置齐全，间距合理，满足操作和维护要求，整体布局规整、摆放平稳。

3 机柜内监控主机应安装牢固。控制台及机柜内插件应接触牢靠，无扭曲、脱落现象。

4 监视器应平稳安装。主监视器距监控人员的距离宜为主监视器荧光屏对角线长度的4～6倍。避免阳光或人工光源直射荧光屏。

5 根据监视器、监控主机的位置设置线槽和引线孔，引线与设备连接时，应留有余量，并做永久性标志。

6 配线宜采用辐射方式，穿线管的接头应采用丝扣连接。

7 管理系统软件安装时，应考虑软件的安全性、通用性、兼容性和可维护性。

检验方法：观察检查。

检查数量：全部检测。

15 建筑节能工程现场检验

15.1 围护结构现场实体检验

15.1.1 建筑围护结构施工完成后,应由建设单位委托对围护结构的外墙节能构造和严寒、寒冷、夏热冬冷地区的外窗气密性进行现场实体检验。

15.1.2 建筑外墙节能构造带有保温层的现场实体检验方法应符合现行国家标准《建筑节能工程施工质量验收规程》GB 50411 的要求。其目的是:

1 验证墙体保温材料的种类是否符合设计要求。
2 验证保温层厚度是否符合设计要求。
3 检查保温层构造做法是否符合设计和施工方案要求。

当条件具备时,也可直接对围护结构的传热系数或热阻进行检验。

15.1.3 建筑外墙节能构造采用保温砌块、预制构件、定型产品的现场实体检验应按照国家现行有关标准的规定对其主体部位的传热系数或热阻进行检测,验证建筑外墙主体部位的传热系数或热阻是否符合节能设计要求和国家有关标准的规定。

15.1.4 严寒、寒冷、夏热冬冷地区的外窗现场实体检验应按照国家现行有关标准的规定执行。其检验目的是验证建筑外窗气密性是否符合节能设计要求和国家有关标准的规定。

15.1.5 外墙节能构造和外窗气密性的现场实体检验,其抽样数量可以在合同中约定，但合同中约定的抽样数量不应低于本规程的要求。当无合同约定时应按照下列规定抽样：

    1   每个单位工程的外墙至少抽查 3 处，每处一个检查点。当一个单位工程外墙有 2 种以上节能保温做法时，每种节能做法的外墙应抽查不少于 3 处。

    2   每个单位工程的外窗至少抽查 3 樘。当一个单位工程外窗有 2 种以上品种、类型和开启方式时，每种品种、类型和开启方式的外窗应抽查不少于 3 樘。

    3   在施工现场应随机抽取检验位置，检验应具有真实性、代表性且分布均匀，并应为见证检验。

15.1.6 外墙节能构造的现场实体检验应在监理（建设）人员见证下实施，可委托有资质的检测机构实施，也可由施工单位实施。

15.1.7 外窗气密性的现场实体检验应在监理（建设）人员见证下抽样，委托有资质的检测机构实施。

15.1.8 当对围护结构的传热系数或热阻进行检验时，应由建设单位委托具备检测资质的检测机构承担；其检测方法、抽样数量、检测部位和合格判定标准等可在合同中约定。

15.1.9 当外墙节能构造或外窗气密性现场实体检验出现不符合设计要求和标准规定的情况时，应委托有资质的检测机构扩大一倍数量抽样，对不符合要求的项目或参数再次检验。仍然不符合要求时应给出"不符合设计要求"的结论。

    对于不符合设计要求的围护结构节能构造应查找原因，对因此造成的对建筑节能的影响程度进行计算或评估，采取技术措施予以弥补或消除后重新进行检测,合格后方可通过验收。

对于建筑外窗气密性不符合设计要求和国家现行标准规定的,应查找原因进行修理,使其达到要求后重新进行检测,合格后方可通过验收。

15.2 系统节能性能检测

15.2.1 供暖、通风与空调、配电与照明工程安装完成后,应进行系统节能性能的检测,且应由建设单位委托具有相应检测资质的检测机构检测并出具报告。受季节影响未进行的节能性能检测项目,应在保修期内补做。

15.2.2 供暖、通风与空调、配电与照明、太阳能光热、太阳能光伏、地源热泵系统节能性能检测的主要项目及要求见表15.2.2,其检测方法应按现行国家及行业标准《居住建筑节能检测标准》JGJ/T 132、《公共建筑节能检测标准》JGJ/T 157 和《可再生能源建筑应用工程评价标准》GB/T 50801 等的有关规定执行。

表 15.2.2 系统节能性能检测主要项目及要求

序号	检测项目	抽样数量	允许偏差或规定值
1	室内温度	系统形式不同时,每种系统均应检测;相同系统形式应按其数量的20%抽检。对于公共建筑,同一个系统检测数量不应少于总房间数量的10%;对于居住建筑,同一个系统检测数量不应少于总户(套)数的10%	冬季不得低于设计计算温度2℃,且不应高于1℃;夏季不得高于设计计算温度2℃,且不应低于1℃

续表

序号	检测项目	抽样数量	允许偏差或规定值
2	供热系统室外管网的水力平衡度	热力入口总数不超过6个时,全数检测;超过6个时,应根据各个热力入口距热源距离的远近,按近端、远端、中间区域各抽检2个热力入口。被抽检热力入口的管径不应小于DN40	0.9~1.2
3	供热系统补水率	所有供热系统	≤0.5%
4	室外管网的热输送效率	所有供热系统	≥0.92
5	通风、空调(包括新风)系统的总风量	各种系统抽检比例不应少于其数量的20%,且不同风量的系统不应少于1个	≤10%
6	风口的风量	按风管系统数量抽查10%,且不得少于1个系统	≤15%
7	空调机组的水流量	按系统数量抽检10%,且不得少于1个系统	≤20%
8	空调系统冷热水、冷却水的循环流量	全数	≤10%
9	制冷系统能效比	所有独立冷源系统	不低于《公共建筑节能检测标准》JGJ/T 157的规定

续表

序号	检测项目	抽样数量	允许偏差或规定值
10	太阳能光热系统保证率	分散式：500台及以下抽检1台，500台以上抽检2台；集中分散式、集中式：200台及以下抽检1台，200台以上抽检2台	不低于《可再生能源建筑应用工程评价标准》GB/T 50801的规定
11	太阳能光伏系统转化效率	分散式：500台及以下抽检1台，500台以上抽检2台；集中分散式、集中式：200台及以下抽检1台，200台以上抽检2台	不低于《可再生能源建筑应用工程评价标准》GB/T 50801的规定
12	地源热泵系统能效比	所有独立地源热泵系统	不低于《可再生能源建筑应用工程评价标准》GB/T 50801的规定
13	平均照度与照明功率密度	按同一功能区不少于2处	照度不小于设计值90%，功率密度不大于设计或规范要求值

15.2.3 系统节能性能检测的项目和抽样数量也可以在工程合同中约定，必要时可增加其他检测项目；但合同中约定的检测项目和抽样数量不应低于本规范的规定。

15.2.4 当系统节能性能检测的项目出现不符合设计要求和标准规定的情况时，应委托有资质的检测机构扩大一倍数量抽样，对不符合要求的项目或参数再次检验。仍然不符合要求时应给出"不合格"的结论。

对于不合格的设备系统施工单位应查找原因，通过调试、整改等技术措施后重新进行检测，合格后方可通过验收。

16 建筑节能分部工程质量验收

16.0.1 建筑节能分部工程的质量验收,应在检验批、分项工程全部验收合格的基础上,进行外墙节能构造实体检验,寒冷和夏热冬冷地区的外窗气密性现场抽样复检,以及系统节能性能检测和系统联合试运转与调试,确认建筑节能工程质量达到验收条件后方可进行。

16.0.2 建筑节能分部工程验收的程序和组织应遵守《建筑工程施工质量验收统一标准》GB 50300 的要求,并应符合下列规定:

1 节能分项工程的检验批验收和隐蔽工程验收应由监理工程师主持,施工单位相关专业的质量检查员、施工员参加。

2 节能分项工程验收应由监理工程师主持,施工单位项目技术负责人和相关专业的质量检查员、施工员参加;必要时可邀请设计单位相关专业的人员参加。

3 节能分部工程验收应由总监理工程师(建设单位项目负责人)主持,施工单位项目经理、项目技术负责人和相关专业的质量检查员、施工员参加;施工单位的质量或技术负责人应参加;设计单位节能设计人员应参加。

16.0.3 建筑节能分部工程的检验批质量验收合格,应符合下列规定:

1 检验批应按主控项目和一般项目验收。

2 主控项目应全部合格。

3 一般项目应合格;当采用计数检验时,至少应有 90%

以上的检查点合格，且其余检查点不得有严重缺陷。

    4 应具有完整的施工操作依据和质量验收记录。

16.0.4 建筑节能分项工程质量验收合格，应符合下列规定：

    1 分项工程所含的检验批均应合格。

    2 分项工程所含检验批的质量验收记录应完整。

16.0.5 建筑节能分部工程质量验收合格，应符合下列规定：

    1 分项工程应全部合格。

    2 质量控制资料应完整。

    3 外墙节能构造现场实体检验结果应符合设计要求。

    4 寒冷和夏热冬冷地区的外窗气密性现场抽样复检结果应合格。

    5 建筑设备及可再生能源建筑应用工程系统节能性能检测结果应合格。

16.0.6 建筑节能工程验收时应对下列资料核查，并纳入竣工技术档案。

    1 设计文件、图纸会审记录、设计变更和洽商。

    2 主要材料、设备和构件的质量证明文件、进场检验记录、进场核查记录、进场复验报告、见证试验报告。

    3 隐蔽工程验收记录和相关图像资料。

    4 分项工程质量验收记录；必要时应核查检验批验收记录。

    5 建筑围护结构节能构造现场实体检验记录。

    6 寒冷和夏热冬冷地区的外窗气密性现场抽样复检报告。

    7 风管及系统严密性检验记录。

    8 现场组装的组合式空调机组的漏风量测试记录。

    9 设备单机试运转及调试记录。

    10 系统联合试运转及调试记录。

11　系统节能性能检验报告。

12　其他对工程质量有影响的重要技术资料。

16.0.7　建筑节能工程检验批、分项工程和分部工程的质量验收表、分部工程质量控制资料核查记录表、分部工程验收合格证明书见本规程附录 A～E。

1　检验批质量验收表见本规程附录 A。

2　分项工程质量验收表见本规程附录 B。

3　分部工程质量控制资料核查记录表见本规程附录 C。

4　分部工程质量验收表见本规程附录 D。

5　分部工程验收合格后，应形成建筑节能分部工程验收合格证明书，作为竣工备案条件之一，见本规程附录 E。

附录 A 建筑节能检验批质量验收表

表 A ＿＿＿＿＿＿检验批质量验收表　　编号：

工程名称		分项工程名称			验收部位	
施工单位				专业工长	项目经理	
施工执行标准名称及编号						
分包单位				分包项目经理	施工班组长	
验收规范规定					施工单位检查评定记录	监理（建设）单位验收记录
主控项目	1		第　条			
	2		第　条			
	3		第　条			
	4		第　条			
	5		第　条			
	6		第　条			
	7		第　条			
	8		第　条			
	9		第　条			
	10		第　条			
一般项目	1		第　条			
	2		第　条			
	3		第　条			
	4		第　条			
施工单位检查评定结果	项目专业质量检查员： （项目技术负责人）　　　　　　　　　　年　月　日					
监理（建设）单位验收结论	监理工程师:（建设单位项目专业技术负责人）年　月　日					

附录 B 建筑节能分项工程质量验收表

表 B 分项工程质量验收表

工程名称		检验批数量	
施工单位		监理单位	
施工单位	项目经理		项目技术负责人
分包单位	分包单位负责人		分包项目经理
序号	检验批部位、区段、系统	施工单位检查评定结果	监理（建设）单位验收记录
1			
2			
3			
4			
5			
6			
7			
8			
9			
10			
11			
12			
13			
施工单位检查结论： 项目专业质量（技术）负责人 年　月　日		验收结论： 监理工程师： （建设单位项目专业技术负责人） 年　月　日	

附录 C 建筑节能分部工程质量控制资料核查记录表

表 C 建筑节能分部工程质量控制资料核查记录表

工程名称		施工许可证号			
建设单位		项目负责人			
设计单位		项目负责人			
监理单位		项目负责人			
施工单位		项目负责人			
其他参加验收人员					
建筑节能分项验收资料清单			份数	合格(齐全)	不合格(不齐全)	核查人
设计、施工、监理、检测等单位分别出具的专项质量合格文件、确认证明						
设计文件、图纸会审记录、设计变更、技术核定单						
施工图审查合格书、建筑节能设计认定证书						
建筑节能专项施工方案和技术交底						
监理规划和建筑节能监理实施细则						
首间样板确认和开工条件验收记录						
建筑节能材料进场验收记录及进场复验报告						
墙体节能工程质量验收记录						

续表

建筑节能分项验收资料清单	份数	合格（齐全）	不合格（不齐全）	核查人
幕墙节能工程质量验收记录				
门窗节能工程质量验收记录				
屋面节能工程质量验收记录				
地面节能工程质量验收记录				
采暖、通风与空调节能工程质量验收记录				
太阳能光热系统节能工程质量验收记录				
太阳能光伏系统节能工程质量验收记录				
地源热泵换热系统节能工程质量验收记录				
配电与照明节能工程质量验收记录				
监测与控制节能工程质量验收记录				
隐蔽工程验收记录和相关图像资料				
围护结构节能构造现场实体检测报告、外窗气密性现场抽样复检报告、系统节能性能检测报告				
风管及系统严密性检测记录、现场组装的组合式空调机组漏风量测试记录				
设备单机试运转及调试、系统联合试运转与调试记录				
节能竣工检测评估报告				
核查结论	验收组组长（签　字） 　　　　年　　月　　日			

附录 D 建筑节能分部工程质量验收表

表 D 建筑节能分部工程质量验收表

工程名称			结构类型/层数		
建设单位			设计单位		
施工单位			监理单位		
序号	分项工程名称		验收结论	监理工程师签字	备注
1	墙体节能工程				
2	幕墙节能工程				
3	门窗节能工程				
4	屋面节能工程				
5	楼、地面节能工程				
6	采暖、通风与空调节能工程				
7	配电与照明节能工程				
8	监测与控制节能工程				
9	太阳能光热系统节能工程				
10	太阳能光伏系统节能工程				
11	地源热泵换热系统节能工程				
质量控制资料					
外墙节能构造现场实体检测					
外墙气密性现场实体抽样复检					
系统节能性能检测					
节能竣工检测评估					
验收结论					
验收单位	分包单位：		项目经理： 　　　　　年　　月　　日		
	施工单位：		项目经理： 　　　　　年　　月　　日		
	设计单位：		项目负责人： 　　　　　年　　月　　日		
	监理单位：		总监理工程师： 　　　　　年　　月　　日		
	建设单位：		建设单位项目负责人： 　　　　　年　　月　　日		

附录E 建筑节能分部工程质量验收合格证明书

表E 建筑节能分部工程质量验收合格证明书

工程名称		建筑面积	
建筑类型		层数	
质量验收意见	施工单位意见： 总工程师_____　　　　年　月　日 项目经理_____　　　　年　月　日 施工单位章		
	设计单位意见： 设计项目负责人_____　年　月　日 设计单位章		
	监理单位意见： 总监理工程师_____　　年　月　日 监理项目章		
	建设单位意见： 项目负责人_____　　　　年　月　日 建设单位章		
质量监督站： 　　　建筑节能分部工程质量验收合格证明书收到 经办人_____　　　　　　　　　　　年　月　日 　　　　　　　　　　　　　　_____质量监督站			

附录 F 保温系统常用材料主要性能指标

表 F.0.1 部分常用保温材料主要性能指标

材料名称 / 项目	EPS 涂料饰面	EPS 面砖饰面	XPS	硬质聚氨酯泡沫塑料	胶粉颗粒保温浆料	无机轻集料保温砂浆 Ⅰ型	无机轻集料保温砂浆 Ⅱ型	无机轻集料保温砂浆 Ⅲ型	无机保温板	岩(矿)棉板
表面密度（kg/m³）	18~22	22~30	22~35	35~45	180~250	≤350	≤450	≤550	≤350	≤300
导热系数 [W/(m·K)]≤	0.039	0.039	0.035	0.024	0.060	0.070	0.085	0.100	0.070	0.044
压缩强度（MPa）≥	—	—	0.20	0.15	0.20	0.50	1.00	2.5	0.40	—
抗拉强度*（MPa）≥	0.10	0.15	0.20	0.10	0.10	0.10	0.15	0.25	0.1	0.0075
尺寸稳定性（%）≤	0.3	0.3	1.2	1.5	—	—	—	—	—	1.0
水蒸气透湿系数 [ng/(Pa·m·s)]≤	4.5	4.5	3.5	6.5	—	—	—	—	—	—
吸水率(%)(v/v)或(g/g)#≤	4.0	4.0	1.5	3.0	—	—	—	—	12	1.0#
线性收缩率（%）≤	—	—	—	—	0.3	0.25	0.25	0.25	0.8	—
软化系数≥	—	—	—	—	0.5	0.60	0.60	0.60	0.60	—
燃烧性能，不低于	E级	E级	E级	E级	B级	A_2级	A_2级	A_2级	A_1级	A_1级

备注：*抗拉强度指垂直于板面方向的抗拉强度。

表 F.0.2 蒸压加气混凝土砌块主要性能指标

项目	密度级别	B05	B06	B07
干密度（kg/m³）≤	优等品	500	600	700
	合格品≤	525	625	725
抗压强度（MPa）≥	优等品	3.5	5.0	7.5
	合格品≥	2.5	3.5	5.0
导热系数[W/(m·K)]≤		0.14	0.16	0.18
干燥收缩值(mm/m)≤		0.5	0.5	0.5

表 F.0.3 自保温或内保温系统基层界面处理砂浆主要性能指标

项目	材料品种	Ⅰ型	Ⅱ型
拉伸粘结强度(MPa)≥（与保温砂浆）	未处理（14d）	0.1（且保温层破坏）	
	浸水处理（6d）		
拉伸粘结强度(MPa)≥（与水泥砂浆）	未处理（7d）	0.4	0.3
	未处理（14d）	0.6	0.5
	浸水处理（6d）	0.5	0.3
	热处理（7d）		
	冻融循环处理（25次）		
	碱处理（6d）		
晾置时间（min）≥		10	

注：Ⅰ型适用于建筑外墙内保温系统水泥混凝土墙的界面处理，Ⅱ型适用于蒸压加气混凝土墙的界面处理。

表 F.0.4 胶粘剂、抹面胶浆、界面砂浆及抗裂砂浆主要性能指标

项目		材料名称	胶粘剂	抹面胶浆	界面砂浆	抗裂砂浆
拉伸粘结强度* (与保温板，MPa) ≥	原强度	EPS PU XPS	0.10 0.10 0.20	0.10 0.10 0.20	—	—
	耐水	EPS PU XPS	0.10 0.10 0.20	0.10 0.10 0.20	—	—
	耐冻融	EPS PU XPS	—	0.10 0.10 0.20	—	—
柔韧性	抗压强度/抗折强度（水泥基），≤		—	3.0	—	3.0
	开裂应变（非水泥基，%）≥		—	1.5	—	—
拉伸粘结强度(与水泥砂浆，MPa)≥	原强度		0.60	—	0.9	0.70
	耐水		0.40	—	0.7	0.50
可操作时间（h）			1.5~4.0	1.5~4.0	1.5~4.0	1.5~4.0

注：*表示材料拉伸粘结强度不但要达到规定的指标，且破坏界面应在保温板上。

表 F.0.5 耐碱玻璃纤维网格布与热镀锌电焊网主要性能指标

材料名称 项目		耐碱玻璃纤维网格布				热镀锌电焊网
		EPS板保温系统	XPS/PU板保温系统	聚苯颗粒保温系统	无机保温砂浆系统	面砖饰面浆料/砂浆保温系统
网孔中心距（mm）	普通型	—	—	4×4	5~8	12.7×12.7
	加强型			6×6		
丝径（mm）		—	—	—	—	0.9
单位面积质量（g/m²）≥	普通型	130	160	160	130	—
	加强型	160		500		
断裂伸长率（%）≤		4	4	4	—	—
断裂强力 N/50mm（经向、纬向）≥	普通型	—	—	1250	750	—
	加强型			3000	2000	
耐碱断裂强力保留率（经向、纬向）(%)≥	普通型	50	50	90	50/70	—
	加强型	75	75		50/70	
耐碱断裂强力（N/50mm）≥	普通型	750	750	—	—	—
	加强型	1250	1250			
焊点抗拉力(N)≥		—	—	—	—	65
镀锌层质量(g/m²)≥		—	—	—	—	122
玻璃中二氧化锆含量(%)	涂料饰面	14.5±0.8	14.5±0.8	14.5±0.8	—	—
	面砖饰面					

表 F.0.6 钢丝网架聚苯板

项次	项目	质量要求
聚苯板	外观	保温板正面有梯形凹凸槽(槽中距50mm)，四周设有高低口
	对接	≤3000长板中聚苯板对接不应多于两处，且对接处需用聚氨酯粘牢
钢丝网架	焊点强度	抗拉力≥300N，无过烧现象
	焊点质量	网片漏焊脱焊点不超过焊点数的8%，且不应集中在一处，连续脱焊不应多于2点，板端200mm区段内的焊点不应脱焊虚焊，斜插钢丝不应漏焊、脱焊
	钢丝挑头	网边挑头长度≤6mm，插丝挑头≤5mm，穿透苯板挑头≥30mm
	质量	≤4kg/m²

表 F.0.7 粘结石膏和粉刷石膏砂浆主要性能指标

项目		粘结石膏	粉刷石膏砂浆
保水率（%）		—	≥75
凝结时间	初凝时间	≥25	≥60
	终凝时间	≤120	≤240
强度 (MPa)	拉伸粘结强度 砂浆基材	≥0.50	—
	拉伸粘结强度 聚苯板基材	≥0.10，破坏界面在聚苯板上	
	抗压强度	≥6.0	≥4.0
	抗折强度	≥5.0	≥2.0
	压剪粘结强度	—	≥0.3

附录 G 保温材料粘贴面积比剥离检验方法

G.0.1 本方法适用于外墙保温构造中保温材料粘贴面积比的检验。

G.0.2 保温材料粘贴面积比剥离检验应在保温材料粘贴完成后、抹面层未施工之前进行。

G.0.3 保温材料粘贴面积比剥离检验应在监理（建设）人员见证下实施。

G.0.4 保温材料粘贴面积比剥离检验的取样部位、数量及面积（尺寸），应遵守下列规定：

   1 取样部位应由监理（建设）与施工双方共同确定，宜兼顾不同朝向和楼层、均匀分布；取样部位必须确保剥离检查时操作安全、方便，不得在外墙施工前预先确定。

   2 取样数量为每个检验批抽检不少于2处，每处不少于3个点。

   3 取样面积（尺寸）应与该工程保温板材的大多数规格的面积一致（标准板 1200mm×600mm）。

G.0.5 剥离检验应遵守下列规定：

   1 检验方法：将粘贴好的保温材料从墙上剥离，检测粘结在基层墙体上的胶粘剂与保温材料粘结面的尺寸（虚粘部分不计算在内）。

   2 尺寸测量工具：精度为 1mm 的钢直尺或钢卷尺。

   3 保温材料粘贴方式为点框粘时，测量框粘的长度和宽度，同时测量砂浆圆饼的直径，计算框粘和点粘的粘结面积。

   4 保温材料粘贴方式为条粘时，测量砂浆条的长度和宽度，计算粘结面积。

G.0.6 保温材料粘贴面积比应按下式计算：

$$S = \frac{\sum_{i=1}^{n} F_i}{F} \times 100$$

式中　S——粘结面积与保温板面积的比值，%；
　　　F——保温板的面积，mm^2；
　　　F_i——第 i 块粘浆部分的面积，mm^2。
　　　计算精确至1%。

G.0.7 当实测试样的粘贴面积比大于或等于设计要求的40%时，应判定保温材料粘贴面积比符合标准要求；当实测试样的粘贴面积比小于设计要求的40%时，应判定保温材料粘贴面积比不符合标准要求。

G.0.8 当取样检验结果不符合标准要求时，应委托具备检测资质的见证检测机构增加1倍数量再次取样检验，若粘贴面积比大于或等于设计要求的40%，可判定检验合格；粘贴面积比仍小于设计要求的40%，判定检验不合格。

附录 H 保温板材与基层拉伸粘结强度 现场试验方法

H.1 一般规定

H.1.1 本方法适用于外墙保温中保温层与粘结砂浆、粘结砂浆与基层墙体之间的粘结强度检验。

H.1.2 检测应在保温层养护时间达到粘结材料要求的龄期后，下道工序施工前进行。

H.1.3 检测应在检测机构、监理（建设）、施工方三方人员的见证下实施。

H.1.4 建筑外墙面积每 1000m² 为一个检验批，每批取 5 个测试点。取样部位应由监理（建设）与施工双方共同确定，宜兼顾不同朝向和楼层、均匀分布；取样部位必须确保粘结强度检验时操作安全、方便，不得在外墙施工前预先确定。

H.2 仪器设备

H.2.1 采用的粘结强度检测仪，应符合现行行业标准《数显式粘接强度检测仪》JG3056 的规定。

H.2.2 钢直尺的分度值应为 1mm。

H.2.3 标准块按长、宽、厚的尺寸为 40mm×40mm×6mm 或

45mm×95mm×6mm 的钢材制作标准试件。

H.2.4 辅助工具及材料：

  1 手持式切割锯；

  2 粘结标准块与试样粘结剂强度大于 1.0MPa；

  3 直径 ϕ3mm 的铁丝。

H.3 试验方法

H.3.1 保温层与粘结砂浆之间粘接强度检验：

  1 清除抹面层，露出保温层，将标准块用胶粘剂固定于保温层上（选择满粘处），标准块粘贴后应及时固定（可制成 U 型卡）；

  2 胶粘剂达到粘结强度要求后，用手锯将保温层切割至粘结砂浆表面，试样切割长度和宽度应与标准块相同。

  3 粘结强度检验仪器安装和测试程序应按现行行业标准 JGJ110《建筑工程饰面砖粘结强度检验标准》规定进行。

H.3.2 粘结砂浆与基层墙体之间的粘接强度检验：

  1 清除保温层，露出粘结砂浆，用切割锯按标准块长度、宽度切割粘结砂浆至基层墙体；

  2 标准块用胶粘剂固定在粘结砂浆试块上，待胶粘剂满足粘结强度要求后按现行行业标准 JGJ110《建筑工程饰面砖粘结强度检验标准》规定进行粘结强度检验。

H.4 粘结强度计算

H.4.1 试样粘结强度应按下式计算：

$$R_i = \frac{X_i}{S_i} \times 10^3$$

式中 R_i——第 i 个试样粘结强度（MPa），精确到 0.1MPa；
　　X_i——第 i 个试样粘结力（kN），精确到 0.01kN；
　　S_i——第 i 个试样断面面积（mm²），精确到 1mm²。

$$R_m = \frac{1}{5}\sum_{i=1}^{5} R_i$$

式中 R_m——每组试样平均粘结强度（MPa），精确到 0.1 MPa。

附录 K 建筑外门窗中空玻璃露点检测方法

K.0.1 适用范围

本方法适用于现场建筑外门窗中空玻璃露点复验检测。

K.0.2 试样

样品应从工程使用的玻璃中随机抽取,每组应抽取检验的产品规格中 15 个样品。

K.0.3 仪器设备

露点仪:测量管的高度为 300mm,测量表面直径为 50mm;
温度仪:测量范围为 −80℃ ~ −30℃,精度 1℃。

K.0.4 试验准备

检测前应将全部样品在实验室环境条件下放置 24 小时以上。

K.0.5 试验条件:温度 25℃ ± 3℃、相对湿度 30% ~ 75%。

K.0.6 试验步骤

1 向露点仪的容器中注入深约 25mm 的乙醇或丙酮,再加入干冰,使其温度冷却到等于或低于 −60℃,开始测试,并在试验中保持该温度。

2 将试样水平放置,在玻璃上表面涂一层乙醇或丙酮,使露点仪与玻璃表面紧密接触,接触停留按表规定;

3 移开露点仪,立刻观察中空玻璃内表面上有无结露或结霜。

如无结露或结霜,露点温度为 −60℃。

如结露或结霜，将试样放置到完全无结露或结霜后，提高露点仪温度继续测量，每次提高 5°C，直至测量到 – 40°C，记录试样最高的结露温度，该温度为试样的露点温度。

对于两腔中空玻璃露点测试应分别测试中空玻璃两个表面。

表 K.0.6 不同玻璃厚度露点仪接触的时间

单片玻璃厚度/mm	接触时间/min
≤4	3
5	4
6	5
8	6
≥10	8

H.0.6 判断

被测试检测样中，任意一块玻璃在-40℃出现结露或结霜现象，则判亥批建筑外门窗中空玻璃抗结露性不合格。

H.0.7 试验报告：试验报告应包括以下内容：工程项目名称；试验报告必备信息（试件尺寸、玻璃厚度、中空层厚度）、检测实验结露现象；检测结果和判断。

本规程用词说明

1 为便于在执行本规程条文时区别对待,对要求严格程度不同的用词说明如下:
　1)表示很严格,非这样做不可的:
正面词采用"必须",反面词采用"严禁";
　2)表示严格,在正常情况下均应这样做的:
正面词采用"应",反面词采用"不应"或"不得";
　3)表示允许稍有选择,在条件许可时首先应这样做的:
正面词采用"宜",反面词采用"不宜";
　4)表示有选择,在一定条件下可以这样做的,采用"可"。
2 条文中指明应按其他有关标准执行的写法为:"应符合……的规定"或"应按……执行"。

引用标准名录

1 《公共建筑节能设计标准》GB 50189
2 《建筑地面工程施工质量验收规范》GB 50209
3 《建筑装饰装修工程质量验收规程》GB 50210
4 《通风与空调工程施工质量验收规范》GB 50243
5 《建筑工程施工质量验收统一标准》GB 50300
6 《建筑电气工程施工质量验收规范》GB 50303
7 《智能建筑工程质量验收规范》GB 50339
8 《地源热泵系统工程技术规范》GB 50366
9 《硬泡聚氨酯保温防水工程技术规范》GB 50404
10 《建筑节能工程施工质量验收规范》GB 50411
11 《墙体材料应用统一技术规程》GB 50574
12 《夏热冬暖地区居住建筑节能设计标准》JGJ 75
13 《玻璃幕墙工程技术规范》JGJ 102
14 《塑料门窗工程技术规程》JGJ 103
15 《金属与石材幕墙工程技术规范》JGJ 133
16 《夏热冬冷地区居住建筑节能设计标准》JGJ 134
17 《地面辐射供暖技术规程》JGJ 142
18 《外墙外保温工程技术规程》JGJ 144
19 《建筑门窗玻璃幕墙热工计算规程》JGJ/T 151
20 《抹灰砂浆技术规程》JGJ/T 220
21 《建筑外墙防水工程技术规程》JGJ/T 235
22 《无机轻集料砂浆保温系统技术规程》JGJ 253
23 《外墙内保温工程技术规程》JGJ 261
24 《保温装饰外墙外保温系统材料》JGJ 287

25 《建筑外墙外保温防火隔离带技术规程》JGJ 289
26 《膨胀聚苯板薄抹灰外墙外保温系统》JG 149
27 《胶粉聚苯颗粒外墙外保温系统材料》JG/T 158
28 《外墙保温用锚栓》JG/T 366
29 《四川省居住建筑节能设计标准》DB51/T 5027
30 《复合保温石膏板内保温系统工程技术规程》DB51/T 5042
31 《水泥基复合膨胀玻化微珠建筑保温技术规程》DB51/T 5061
32 《EPS 钢丝网架板现浇混凝土外墙外保温系统技术规程》DB51/T 5062
33 《建筑外窗、遮阳及天窗节能设计规程》DB 51/T 5065
34 《蒸压加气混凝土砌块墙体自保温工程技术规程》DB51/T 5071
35 《烧结复合自保温砖和砌块墙体保温系统技术规程》DBJ/T 001
36 《烧结自保温砖和和砌块墙体保温系统技术规程》DBJ/T 002
37 《成都市地源热泵系统施工质量验收规程》DBJ51/006
38 《四川省民用建筑节能检测评估标准》DBJ51/T 017

四川省工程建设地方标准

建筑节能工程施工质量验收规程

DB51 / 5033 – 2014

条 文 说 明

目　次

1 总　则 ………………………………………………… 133
2 术　语 ………………………………………………… 134
3 基本规定 ……………………………………………… 135
　3.1 技术与管理 ……………………………………… 135
　3.2 材料与设备 ……………………………………… 136
　3.3 施工和控制 ……………………………………… 137
　3.4 验　收 …………………………………………… 138
4 墙体节能工程 ………………………………………… 140
　4.1 一般规定 ………………………………………… 140
　4.2 聚苯板薄抹灰外墙保温系统 …………………… 142
　4.3 保温浆料外墙外保温系统 ……………………… 143
　4.4 保温装饰复合板外墙外保温系统 ……………… 143
　4.5 EPS钢丝网架板现浇混凝土外墙外保温系统 … 144
　4.6 砌筑墙体自保温系统 …………………………… 145
5 幕墙节能工程 ………………………………………… 147
　5.1 一般规定 ………………………………………… 147
　5.2 主控项目 ………………………………………… 150
　5.3 一般项目 ………………………………………… 158
6 门窗节能工程 ………………………………………… 160
　6.1 一般规定 ………………………………………… 160
　6.2 主控项目 ………………………………………… 161

6.3 一般项目 …………………………………………………… 164
7 屋面节能工程 ………………………………………………… 165
　7.1 一般规定 …………………………………………………… 165
　7.2 主控项目 …………………………………………………… 166
　7.3 一般项目 …………………………………………………… 168
8 地面节能工程 ………………………………………………… 169
　8.1 一般规定 …………………………………………………… 169
　8.2 主控项目 …………………………………………………… 169
　8.3 一般项目 …………………………………………………… 171
9 采暖、通风与空调节能工程 ………………………………… 172
　9.1 一般规定 …………………………………………………… 172
　9.2 主控项目 …………………………………………………… 173
　9.3 一般项目 …………………………………………………… 184
10 太阳能光热系统节能工程 …………………………………… 186
　10.1 一般规定 ………………………………………………… 186
　10.2 主控项目 ………………………………………………… 186
　10.3 一般项目 ………………………………………………… 188
11 太阳能光伏节能工程 ………………………………………… 190
　11.1 一般规定 ………………………………………………… 190
　11.2 主控项目 ………………………………………………… 190
12 地源热泵换热系统节能工程 ………………………………… 192
　12.1 一般规定 ………………………………………………… 192
　12.2 主控项目 ………………………………………………… 192
　12.3 一般项目 ………………………………………………… 195

13 配电与照明节能工程 ·· 197
　13.1 一般规定 ··· 197
　13.2 主控项目 ··· 197
　13.3 一般项目 ··· 198
14 监测与控制节能工程 ·· 200
　14.1 一般规定 ··· 200
　14.2 主控项目 ··· 200
　14.3 一般项目 ··· 202
15 建筑节能工程现场检验 ·· 203
　15.1 围护结构现场实体检验 ·· 203
　15.2 系统节能性能检测 ·· 205
16 建筑节能分部工程质量验收 ··· 207

1 总　则

1.0.1 编制本规程的宗旨与目的是统一四川省建筑节能工程施工质量验收标准，其依据是严格执行《建筑节能工程施工质量验收规程》（GB 50411）强制性条文，以及四川省有关工程质量和建筑节能的管理规定和技术要求，保证建筑节能工程质量。

1.0.2 本条规定了本规程的适用范围，对本规程未涉及的施工质量验收，必须按照设计要求或现行国家标准、规范执行。

1.0.3 由于建筑节能工程施工质量的检验与验收涉及面广，且是相关规范的补充，为避免重复，本条提出除应按本规程执行外，尚应符合国家和本省现行有关标准、规范、规程的规定。

1.0.4 根据国家规定，建筑工程节能达不到要求的不得验收交付使用。因此，单位工程竣工验收应在建筑节能分部工程验收合格后方可进行。即建筑节能验收是单位工程验收的先决条件，具有"一票否决权"。

2 术 语

术语通常为在标准或规程中出现的其含义需要加以界定、说明或解释的重要词汇。尽管在确定和解释术语时尽可能考虑了习惯和通用性，但在理论上术语仅在本标准或规程中有效，列出的目的主要是防止出现错误理解。当本规程列出的术语在本规程以外使用时，应注意其可能含有与本规程不同的含义。

3 基本规定

3.1 技术与管理

3.1.1 施工技术标准包括工艺、验收、材料、检验等内容；包括国家、行业和本省的相应地方标准，但采用的施工技术标准不应低于现行国家标准及行业标准要求。

3.1.2 凡新建建筑工程，建设单位应委托具备相应资质的设计单位，按照现行建筑节能设计标准进行节能设计，并应达到该标准规定的要求。任何单位不应擅自修改节能设计文件，尤其是建设单位要求设计单位任意变更有关节能设计，降低节能性能时，须事前办理设计变更手续，设计变更除应由原设计单位认可外，还应报原负责节能设计审查机构审查确定。重新审查合格后，按有关规定备案。

3.1.3 基于本规程不能覆盖建筑节能工程所应用新的技术体系，故对建筑节能新技术、新设备、新材料、新工艺应检查是否通过技术鉴定，其各项性能检验结果是否符合设计要求和本规范相关规定。

3.1.4 建筑节能施工方案包括工程概况、编制依据、施工方法、质量控制要求和具体技术措施、样板间或样板件制作、分项工程和检验批划分、隐蔽工程验收、材料进场复验、现场实体检验等内容。

3.1.5 建筑节能效果只能通过检测数据来评价，因此检测数据结论的正确与否十分重要。承担建筑节能工程试验的检测机构应具备建筑节能专项检测资质，节能检测项目及参数需计量认证。

3.2 材料与设备

3.2.2

1 施工单位应建立合格供应商名录制度，用于四川省建筑墙体节能工程的节能系统及材料，应经本省相关部门备案。建设单位和施工单位应当选用经四川省备案企业的建筑节能系统及材料，获取该系统防伪打印的备案验证单，未经备案、无系统型式检验报告的建筑节能系统不得用于建设工程。

节能保温系统的组成材料及部品（部件）应全部由系统供应商生产或组织，并由其对所供应的建筑节能系统及材料质量负责。建设单位和施工单位不得擅自分散采购节能保温系统的组成材料及部品（部件）。

2 材料验收、质量证明文件核验和产品抽样检测活动应留有记录，为规范施工和监理单位的质量行为，应建立"建设工程材料采购验收检验使用综合台账"和"建设工程材料监理监督台账"。

3 按中华人民共和国国务院令第531号《公共机构节能条例》第二条，公共机构是指全部或者部分使用财政性资金的国家机关、事业单位和团体组织。

3.2.4 对于燃烧性能的具体要求，可按建筑物防火等级相关规定提出要求，并应符合《建筑设计防火规范》（GB 50016）、《高层民用建筑设计防火规范》（GB 50045）和《建筑内部装修设计防火规范》（GB 50222）等的规定。

3.2.5 竣工工程室内环境是否污染，按照《民用建筑室内环境污染控制规范》(GB 50325)的要求进行。

3.2.6 加气混凝土砌块、岩棉、玻璃棉、矿棉及聚苯板等保温材料在雨期施工或泡水后，其导热系数将发生重大变化，并将直接影响节能系统的保温效果，故应采取有效措施，控制保温材料的含水率。

3.3 施工和控制

3.3.1 设计文件和施工方案是节能工程实际施工应遵循的基本要求。对于设计文件应当经过设计审查机构的审查；施工方案则应通过建设或监理单位的审查。

3.3.2 设计单位在施工前进行设计图纸交底时，对明确节能保温工程技术要求要形成记录。样板间或样板件可作为验收的实物标准。样板间或样板件的技术资料（材料、工艺、验收资料）应纳入工程技术档案。

3.3.3 关键节点指外墙门窗洞口四周、女儿墙、阳台、勒脚及与室外空气接触的楼地面、屋面天沟、反梁、屋面突出的外墙与屋面、建筑物的变形缝等部位。

3.3.4 采暖通风与空调系统中的隐蔽水管与风管及部件、太阳能光热光伏系统中的隐蔽电路系统、地源热泵换热系统中的地下或建筑结构埋管工程和给排水工程、监测与控制系统工程中的传感器及控制电气线路等隐蔽工程的数量与质量直接关系到整个系统的正常运行与节能运行，且施工完毕极难返工更改，为确保施工质量，必须有严格的第三方监督，保留详细的文字记录及不可更改的影像资料，以便进行质量追溯。

3.3.5 建筑节能工程施工中，保温系统采用可燃性保温隔热材料为火灾危险性潜在原因，本规程强调在建筑节能工程中，积极采用 A 级保温材料，但在 A 级保温材料暂时不能完全满足建筑工程实际应用要求时，使用难燃有机类保温材料的建筑节能工程施工时，必须制订火灾应急预案，并应采取覆盖、隔离以及专人看管和用火审批等措施，防止发生火灾。

3.3.6 按相关行业标准规定，外保温工程施工期间以及完工后 24h 内，基层及环境空气温度不应低于 5℃。夏季应避免阳光暴晒。为满足相应施工工艺的要求，在 5 级以上大风天和雨雪天不得施工。

3.3.7 保温材料厚度直接影响围护结构构件热阻及传热系数，故无论采用何种保温隔热系统，不得因保温材料厚度负偏差，削弱建筑围护结构的节能性能。

3.4 验 收

3.4.1 本条给出了建筑节能验收与其他已有的各个分部分项工程验收的关系，确定了节能验收在总体验收中的定位，故称之为验收的划分。

各分项工程划分的原则：

1 直接将节能工程划分为分项工程名称，划分这些分项工程的原则与《建筑工程施工质量验收统一标准》GB 50300 及各专业工程施工质量验收规范原有的划分尽量一致。表 3.4.1 中的各个分项工程，是指"其节能性能"，这样理解就能够与原有的分部工程划分协调一致。

2 明确节能工程应按分项工程验收。由于节能工程验收内容复杂，综合性较强，验收内容如果对检验批直接给出易造成分散和混乱。故本规范的各项验收要求均直接对分项工程提出。当分项工程较大时，可以划分成检验批验收，其验收要求不变。

3 考虑到某些特殊情况下，节能验收的实际内容或情况难以按照上述要求进行划分和验收，如遇到某建筑物分期或局部进行节能改造时，不易划分分部、分项工程，此时允许采取建设、监理、设计、施工等各方协商一致的划分方式进行节能工程的验收。但验收项目、验收标准和验收记录均应遵守本规程的规定。

4 规定有关节能的项目应单独填写检查验收表格，做出节能项目验收记录并单独组卷，以与建设部要求节能审图单列的规定一致。本条所指应单独组卷的节能验收资料，包括节能材料的验收资料和节能工程的检验批、分项、分部工程验收资料，以及节能工程实体检验等资料。当部分节能验收资料与其他分项工程的验收资料重复时，可以采用加盖提供单位印章和经手人签字的复印件。

4 墙体节能工程

4.1 一般规定

4.1.1 本条规定了墙体节能工程的适用范围。除了所列举的板材、浆料（砂浆）、块材及预制保温复合板材和整浇复合墙体等墙体保温材料或构件的建筑墙体外保温、内保温和自保温外，若采用其他节能材料的墙体也应遵照执行。

4.1.3 本条为强制性条文，必须严格执行。外保温系统安全性和耐候性检验应执行《外墙外保温技术规程》（JGJ 144）相关规定，除应提供系统组成材料产品性能型式检验报告外，还应提供外保温系统的耐候性检测和外保温抗风压检验报告。当无型式检验报告时，应委托具备资质的检测机构对产品或工程的安全性能、耐久性能和节能性能进行现场抽样检验。抽样检验的方法、结果应符合相关标准和设计的要求。外墙内保温的保温材料应对人体和环境无害。

4.1.4 本条为强制性条文，必须严格执行。规定了墙体保温系统材料抽样复检原则。要求墙体节能工程使用保温系统组成材料的热工性能、力学性能以及有机燃烧性能均应符合相关标准和设计要求。

4.1.5 本条规定墙体节能验收的程序性要求。

4.1.6 本条规定墙体节能验收检验批的划分原则。

4.1.8 基层墙体抹灰层材质差异、以及找平层厚度偏差较大，易导致依附其上保温系统开裂或从基层墙体剥落现象。基层抹灰找平层的施工质量需满足《建筑装饰装修工程质量验收规程》GB50210 的要求，抹灰层砂浆粘接强度需满足《抹灰砂浆技术规程》JGJ/T 220 标准规定。

4.1.10 本条为强制性条文，必须严格执行。按《建筑外墙外保温防火隔离带技术规程》JGJ 289—2012，建筑外墙外保温防火隔离带保温材料的燃烧性能等级应为 A 级。防火隔离应与基层可靠连接，应能适应外保温系统的正常变形而不产生渗漏；应能承受自重、风荷载和室外气候的反复作用而不产生破坏。

4.1.11 按中华人民共和国公安部、住房和城乡建设部公通字〔2009〕46 号文，依据建筑高度选择使用不燃保温材料（A 级）、或难燃保温材料（B1、B2）。施工场所的难燃材料应覆盖、隔离并专人看管，设防火标识和用火审批制度，制定火灾应急措施等，防止火灾发生。

4.1.12 鉴于外墙外保温工程中的保温层强度一般较低，外墙外保温系统宜采用毛面涂料饰面或装饰砂浆饰面。涂料饰面需要对护面层表面进行批嵌找平时，应使用柔性耐水腻子，不得使用普通腻子，柔性耐水腻子性能指标应符合《外墙外保温柔性耐水腻子》JG/T 229–2007 要求。

4.1.13 如果外墙外保温系统表面粘贴较重的饰面砖，使用年限较长后容易变形脱落，故本规程建议不宜采用。当 7 层以下建筑一定要采用时，则规定必须有保证保温层与饰面砖安全性与耐久性的措施，并经大型耐候性检验（包含耐冻融周期试验），以及大型耐候性检验后饰面砖粘结强度拉拔试验。

4.1.14 外墙外保温工程饰面层不应渗漏是保证保温效果的重要规定。对外墙外保温工程的饰面层采用饰面板开缝安装时，规定保温层表面应具有防水功能或采取其他相应的防水措施，以防止保温层浸水失效。如果设计无此要求，应提出洽商解决。

4.1.15 本条所指的门窗洞口四周墙侧面，是指窗洞口的侧面，即与外墙面垂直的4个小面。这些部位容易出现热桥或保温层缺陷。对于外墙和毗邻不采暖空间墙体上的上述部位，以及凸窗外凸部分的四周墙侧面和地面，均应按设计要求采取隔断热源或节能保温措施。当设计未对上述部位提出要求时，施工单位应与设计、建设或监理单位联系，确认是否应采取处理措施。

4.1.16 本条特别对严寒、寒冷地区的外墙热桥部位提出要求。这些地区外墙的热桥，对于墙体总体保温效果影响较大。故要求均应按设计要求采取隔断热源或节能保温措施。当缺少设计要求时，应提出商洽，或按照施工技术方案进行处理。完工后采用热工成像仪器进行扫描检查，可以辅助了解其处理措施是否有效。

4.2 聚苯板薄抹灰外墙保温系统

主 控 项 目

4.2.3 本条为强制性条文，必须严格执行。聚苯板与基层找平层粘结采用点粘法和条粘法时，其胶浆涂抹面积应符合相关规定的同时，还应保证苯板无松动和虚粘现象。

4.2.4 锚固有效深度是指进入基层结构体内（不包括水泥砂浆找平层）产生握裹力的那部分长度。锚固件伸入基层墙体有效锚固深度应大于等于 25mm。当基层墙体为砂加气或粉煤灰加气块时，有效锚固深度应大于等于 50mm。当基墙为空心小砌块或多孔砖时，应采用有回拧打结功能的锚固件。不同材料墙体单个锚固件抗拉承载力标准值（锚固力）应符合设计要求和相关标准规定。

4.2.12 聚苯板表面平整度不符合设计要求安装偏差时，应予打磨。

4.2.13 按相关标准规定：垂直向搭接长度应不小于 100mm，水平向搭接长度应不小于 80mm。对加强型网栅布可采用平面对接，表面采用铺设 100mm 宽标准网格布盖缝加强。

4.2.14 聚苯板系统面层允许偏差包含安装偏差和防护面层施工偏差。

4.3 保温浆料外墙外保温系统

主 控 项 目

4.3.3 在施工中制作同条件养护试件，除供保温浆料干密度外，还可同时制作导热系数、压缩强度试件，供现场复验。

4.3.4 为确保墙面节能工程热工性能指标达标，在保温浆料保温层施工完毕后可及时采用钢针检验保温层厚度。

4.4 保温装饰复合板外墙外保温系统

本节所指保温装饰板外墙外保温系统仅适用于保温装饰板粘挂或粘钉系统，即保温层与饰面装饰板在工厂预制后在施工现场采用粘挂或粘钉工艺进行施工安装。

主 控 项 目

4.4.1 系统保温材料与装饰饰面材料在工厂复合加工而成，在施工现场应对其复合板的保温层厚度尺量检查，需满足建筑节能设计要求。

4.4.2 基墙水泥砂浆找平层，不仅可提高墙面平整度和垂直度，防止外墙渗水，还利于保温装饰板安装表面平整度控制。

4.4.5 系统与基层墙面连接采用粘钉结合连接方式，且以粘结为主。聚合物胶粘剂性能应符合《外墙外保温工程技术规程》JGJ 144 标准规定要求。

4.5 EPS钢丝网架板现浇混凝土外墙外保温系统

本节所指保温系统以单面钢丝网与穿透型斜插钢丝为骨架，以聚苯板（EPS）为保温层材料，置于混凝土基层墙体外侧与之一次性浇注成型，并以抗裂水泥砂浆为面层，以面砖或涂料饰面的一种外墙外保温系统。故其混凝土结构工程和饰面装饰工程应按相应标准和规范规定要求执行，即饰面装饰工程按现行国家标准《建筑装饰装修工程施工质量验收规程》GB50210 中有关规定执行。混凝土结构工程应按现行国家标准《混凝土结构工程施工质量验收规范》GB50204 中有关规定执行。

主 控 项 目

4.5.1 EPS 钢丝网架板的聚苯板厚度偏差应符合《聚苯板薄抹灰外墙保温系统》JG149 对聚苯板相应规格的要求。本系统所用聚苯板的一侧成型有梯形凹槽，聚苯板厚度为凹槽部位的厚度。固定EPS钢丝网架板应符合《外墙外保温工程技术规程》JGJ 144的相关规定。

4.5.5 为防止混凝土在浇捣过程中漏浆，聚苯板的周边均设有高低口，拼装时应上下错缝并拼接严密，接缝处和末端采用附加平网和角网增强。

4.6 砌筑墙体自保温系统

本节内容涉及以加气混凝土砌块、烧结自保温砖和砌块、烧结复合自保温砖和砌块以及复合保温混凝土小砌块等砌筑的墙体自保温系统。按热工计算和设计要求，应对梁柱进行必要的附加保温处理，以防止冷热桥的影响。柱、梁外侧采用本章4.1、4.2、4.3、4.4、4.5中任意外墙外保温系统。凡与自保温工程相关的技术文件与质量记录均应列入资料提供范围。对采用保温砖或砌块砌筑墙体自保温系统，宜采用薄层砌筑，以满足墙体热工性能设计要求。

主 控 项 目

4.6.3 辅助材料的质量是基本要求。为切实保障工程质量，应满足加气混凝土砌块、烧结自保温砖和砌块、烧结复合自保温砖和砌块以及复合保温混凝土砌块的技术规程，以及施工质量验收规程的要求。

4.6.4 拉接筋（拉接网片）是自保温墙体与房屋主体结构间的重要连接部件，有利墙体稳定。因此，其位置、间距应符合设计要求。与主体结构连接应符合《砌体工程施工质量验收规范》(GB 50203)中相关规定。

4.6.5 自保温砌筑墙体的允许偏差应按填充墙砌筑墙体的允许偏差标准执行。

4.6.6 符合要求的饱满度能保证保温砌块间良好粘结，也有利于自保温砌筑墙体保温性能的提高。但鉴于手工操作因素，粘结剂不可能完全饱满，即使达到条文规定，尚还存在20%的空隙。

4.6.8 用于填充墙的自保温墙体砌筑完成后，墙体还可能产生一定变形，影响墙体与梁或板底的结合，乃至产生水平裂缝。考虑变形稳定和实际施工进度要求，定为14d后进行填充。嵌填时应在墙顶正中部位设通长 PE 棒，棒的两侧用 PU 发泡剂或 M5.0 水泥粗砂浆嵌平实。当砌块墙高度大于 4m 且长度大于 5m 时，墙顶部应用射钉弹将连接件与梁底或板底固定。

5 幕墙节能工程

5.1 一般规定

5.1.1 建筑幕墙的种类繁多，按其面板材料分类，可分为玻璃幕墙、金属幕墙、石材幕墙、复合板幕墙等。各类幕墙按其构造又可细分不同品种，例如框支承幕墙、单元式幕墙、点支承幕墙、双层幕墙等。随着建筑的现代化，越来越多的建筑使用建筑幕墙，建筑幕墙以其美观、轻质、耐久、易维修等优良特性被建筑师和业主所青睐，在建筑中禁止使用建筑幕墙是不现实的。

虽然建筑幕墙的种类繁多，但作为建筑的围护结构，在建筑节能的要求方面还是有一定的共性，节能标准对其性能指标也有着明确的要求。玻璃幕墙属于透明幕墙，与建筑外窗在节能方面有着共同的要求。但玻璃幕墙的节能要求也与外窗有着很明显的不同，玻璃幕墙往往与其他的非透明幕墙是一体的，不可分离。非透明幕墙虽然与墙体有着一样的节能指标要求，但由于其构造的特殊性，施工与墙体有着很大的不同，所以不适于和墙体的施工验收放在一起。

另外，由于建筑幕墙的设计施工往往是另外进行专业分包，施工验收按照《建筑装饰装修工程质量验收规范》GB 50210 进行。而且也往往是先单独验收，所以将建筑幕墙单列一章。

5.1.2 幕墙节能工程的施工质量验收首先应核查幕墙热工性能计算书、施工方案、产品质量文件、材料及构件进场复验报告、隐蔽工程验收等资料是否符合设计要求及相应的标准规范要求。如有设计变更，应检查其相关手续是否齐全。

5.1.3 有些幕墙的非透明部分的隔汽层或保温层附着在建筑主体的实体墙上。对于这类建筑幕墙，保温材料或隔汽层需要在实体墙的墙面质量满足要求后才能进行施工作业；否则保温材料可能粘贴不牢固，隔汽层（或防水层）附着不理想。另外，主体结构往往是土建单位施工，幕墙是专业分包，在施工中若不进行分阶段验收，出现质量问题时容易发生纠纷。

5.1.4 铝合金隔热型材、钢隔热型材在一些幕墙工程中已经得到应用。隔热型材的隔热材料一般是尼龙或发泡的树脂材料等，从幕墙安全的角度而言，型材的力学性能是非常重要的。这些材料既要保证足够的强度，又要有较小的导热系数，还要满足幕墙型材在尺寸方面的苛刻要求。从安全的角度而言，型材的力学性能是非常重要的，型材的力学性能主要包括抗剪强度和横向抗拉强度等。

5.1.5 对建筑幕墙节能工程施工进行隐蔽工程验收是非常重要的。这样一方面可以确保节能工程的施工质量，另一方面可以避免工程质量纠纷。

在非透明幕墙中，幕墙保温材料的固定是否牢固，直接影响到节能的效果。如果固定不牢，保温材料可能会脱离，从而造成部分部位无保温材料。另外，如果采用彩釉玻璃一类的材料作为幕墙的外饰面板，由于保温材料散热性能差，当保温材料紧贴彩釉玻璃一类外饰面板材料时，在太阳辐射下会使这类面板材料局部温度升高，使得玻璃的温度不均匀，从而使玻璃更加容易自爆，影响这类面板材料的安全。

幕墙周边与墙体间接缝处的保温填充，幕墙的构造缝、沉降缝、热桥部位、断热节点等，这些部位虽然不是幕墙能耗的主要部位，但处理不好，也会大大影响幕墙的节能。这些部位主要是密封问题和热桥问题。密封问题对于节能非常重要，热桥则容易引起结露和发霉，所以必须将这些部位处理好。

幕墙的隔汽层、冷凝水收集和排放构造等都是为了避免非透明幕墙部位结露，使保温材料发生性状改变，保温性能降低；水渗漏到室内，让室内的装饰发霉、变色、腐烂等。非透明幕墙保温层的隔汽性好，幕墙与室内侧墙体之间的空间内就不会有凝结水。但为了确保凝结水不破坏室内的装饰，不影响室内环境，许多幕墙设置了冷凝水收集、排放系统。

单元式幕墙板块间的缝隙密封是非常重要的。由于单元缝隙处理不好，修复特别困难，所以应该特别注意施工质量。缝隙施工质量弊病不仅会使得气密性能变差，还常常引起雨水渗漏。

许多幕墙安装有通风换气装置。通风换气装置能使得建筑室内达到足够的新风量，同时也可以使得房间在空调不启动的情况下达到一定的舒适度。

一般，以上这些部位在幕墙施工完毕后都将隐蔽，为了方便以后的质量验收，应该进行隐蔽工程验收。

5.1.6 幕墙节能工程使用的保温材料一般为多孔材料，吸水性很强，很容易潮湿变质或改变性状。比如岩棉板、玻璃棉板受潮后会松散下垂，膨胀珍珠岩板、膨胀玻化微珠浆料受潮后导热系数会增大等。所以在安装过程中应采取防潮、防水等保护措施，避免上述情况发生。

现在，有些幕墙使用有机材料做保温层，这些材料集中堆放时很容易引起火灾，应采取措施防止失火。如远离火源，堆放时用不燃或难燃材料分隔、覆盖等。

5.1.7 幕墙工程一般是专业分包，幕墙节能工程检验批划分应按照《建筑装饰装修工程质量验收规范》GB 50210 的规定执行。

5.2 主控项目

5.2.1 用于幕墙节能工程的材料、构件等的品种、型号、规格、尺寸符合设计要求和相关标准的规定，是控制幕墙整体性能质量的保证和符合设计要求的前提性条件，应该得到满足。

玻璃是决定玻璃幕墙节能性能的关键构件，玻璃品种应采用设计的品种。幕墙玻璃的品种信息主要内容包括：玻璃构造尺寸、单片玻璃品种、镀膜玻璃膜号、中空玻璃的尺寸、气体层、间隔条等。

幕墙隔热型材的隔热条、隔热材料（一般为发泡材料）等，其尺寸和导热系数对框的传热系数影响很大，所以隔热条的类型、尺寸必须满足设计的要求。

幕墙的密封条是确保幕墙密封性能的关键材料。密封材料要保证足够的弹性（硬度适中、弹性恢复好）、耐久性。密封条的尺寸是幕墙设计时确定下来的，应与型材、安装间隙相配套。如果尺寸不满足要求，要么大了合不拢，要么小了漏风，影响幕墙的气密性、水密性。

幕墙的遮阳构件种类繁多，如百叶（内置百叶片、外置百叶板）、遮阳板、遮阳挡板、卷帘、花格等。对于遮阳构件，其材料光学性能及尺寸直接关系到其遮阳效果。如果尺寸不够大，必然不能按照设计的预期遮住阳光。遮阳构件所用材料的光学性能、材质、耐久性等均很重要，所以材料应为所设计的材料。遮阳构件的构造关系到其结构安全、灵活性、活动范围等，应该按照设计的构造制作遮阳的构件。

5.2.2 本条为强制性条文，必须严格执行。幕墙材料、构配件等的热工性能是保证幕墙节能指标的关键，所以必须满足设计要求和相关标准的规定。单一材料的热工性能主要是导热系数，但复合材料和复合构件的热工性能则主要是热阻。非透明幕墙保温材料的导热系数非常重要，而达到设计值往往并不困难，所以应要求不大于设计值。保温材料的密度与导热系数有很大关系，而且密度偏差过大，往往意味着材料的性能也发生了很大的变化。比如有些幕墙采用隔热附件（材料）来隔断热桥，而不是采用隔热型材。这些隔热附件往往是垫块、连接件之类。对隔热附件，其导热系数也应该不大于产品标准的要求。

幕墙一般采用岩棉、矿棉等无机类保温材料进行保温，不会在火灾中造成大火蔓延。近些年，随着保温要求的提高和工程施工方便的需要，采用了发泡聚氨酯板、聚苯乙烯泡沫塑料等有机类保温材料；但这些材料在工程现场经常发生火灾，带来很多安全隐患，所以对有机类保温材料应进行燃烧性能的复验。

幕墙玻璃是决定玻璃幕墙节能性能的关键构件。玻璃的传热系数越大，对节能越不利（严寒地区由于冬季很冷，且采暖期特别长，情况正好相反）；而遮阳系数越大，对空调的节能越不利；可见光透射比对自然采光很重要，可见光透射比越大，对采光越有利。中空玻璃露点是反映中空玻璃产品密封性能的重要指标，露点不满足要求，则产品的密封不合格，其节能性能必然受到很大的影响。

玻璃的抽样复验应采用分光光度计测试玻璃的透射光谱和两表面的反射光谱，波长范围应该满足《建筑门窗玻璃幕墙热工计算规程》JGJ/T 151 的计算要求，同时测量玻璃表面的半球发射率，然后按照《建筑门窗玻璃幕墙热工计算规程》JGJ/T 151 的规定计算玻璃系统的传热系数、遮阳系数和可见光透射比。玻璃抽样宜直接抽取工程玻璃进行测量，条件不具备时也可以采取专门制作样品，与工程玻璃进行核对后送实验室检测。

如项目工程只有建筑节能设计，无专项的幕墙热工性能计算书，而建筑节能设计中只提供了整体或单朝向幕墙传热系数、遮阳系数和可见光投射比等节能指标要求，可按下列方式推算出玻璃各项指标进行复核：玻璃传热系数设计值=幕墙传热系数设计值×a(明框幕墙 a 取 0.7，隐框幕墙 a 取 1)；玻璃遮阳系数设计值=幕墙遮阳系数设计值；玻璃可见光投射比设计值=幕墙可见光投射比设计值÷0.8。也可按 JGJ/T 151 进行幕墙热工性能计算，从而明确各参数的具体指标要求。

隔热型材的力学性能直接关系到幕墙的安全，不能因为节能而影响到幕墙的结构安全，应对型材的力学性能进行复验，并满足相关产品标准的规定和符合设计要求。

遮阳装置遮阳主要靠遮阳材料，如板、帘、百叶等。如果遮阳材料是透光的或半透光的，遮阳性能会因材料透光受到影响，如浅色遮阳帘等。因此，这些遮阳帘的透光特性应该复验。而对于不透光的金属材料，则不需要复验其光学性能。

5.2.3 幕墙的气密性能指标是幕墙节能的重要指标。一般幕墙设计均规定有气密性能的等级要求，幕墙产品应该符合要求。

由于幕墙的气密性能与节能关系重大，所以当建筑所设计的幕墙面积超过一定量后，应该对幕墙的气密性能进行检测。但是，由于幕墙是特殊的产品，其性能需要现场的安装工艺来保证，所以一般要求进行建筑幕墙的三个性能(气密、水密、抗风压性能)的检测。然而，多少面积的幕墙需要检测，有关国家标准和行业标准一直都没有明确的规定。本规程规定，当幕墙面积大于建筑外墙面积 50%或 3000m^2 时，应现场抽取材料和配件，在检测试验室安装制作试件进行气密性能检测。

由于一栋建筑中的幕墙往往比较复杂，可能由多种幕墙组合成组合幕墙,也可能是多幅不同的幕墙。对于组合幕墙,只需要进行一个试件的检测即可;而对于不同幕墙幅面,则要求分别进行检测。对于面积比较小的幅面,则可以不分开对其进行检测。

在保证幕墙气密性能的材料中,密封条很重要,所以要求镶嵌牢固、位置正确、对接严密。单元式幕墙板块之间的密封一般采用密封条。单元板块间的缝隙有水平缝和垂直缝,还有水平缝和垂直缝交叉处的十字缝,为了保证这些缝隙的密封,单元式幕墙都有专门的密封设计。施工时应该严格按照设计进行安装。第一,需要密封条完整,尺寸满足要求;第二,单元板块必须安装到位,缝隙的尺寸不能偏大;第三,板块之间还需要在少数部位加装一些附件,并进行注胶密封,保证特殊部位的密封。

幕墙的开启扇是幕墙密封的另一关键部件。开启扇位置到位,密封条压缩合适,开启扇方能关闭严密。由于幕墙的开启扇一般是平开窗或悬窗,气密性能比较好,只要关闭严密,可以保证其设计的密封性能。

气密性能检测试件应包括幕墙的典型单元、典型拼缝、典型可开启部分。试件应按照幕墙工程施工图进行设计,在现场抽取材料、构件,在试验室安装试件检测。试件设计应经建筑设计单位项目负责人、监理工程师同意并确认。

5.2.4 建筑幕墙的设计施工往往是另外进行专业分包,分包设计中应针对不同幅面,对每幅建筑幕墙的传热系数、遮阳系数、可见光透射比等节能性能指标进行计算,判定深化设计是否满足原设计指标要求。

框截面、镶嵌面板、玻璃以及其框投影面积、玻璃投影面积不同，其组成的各幅面幕墙热工性能也不尽相同。应根据《建筑门窗玻璃幕墙热工计算规程》JGJ/T 151，计算不同种类的框截面节点的传热系数及对应框和镶嵌面板接缝的线传热系数、玻璃的传热系数、太阳光总投射比、可见光投射比、遮阳系数等热工性能，各部件的相应数值按面积进行加权平均，分别计算出各幅面幕墙的热工性能，并形成幕墙热工性能计算书。

幕墙的传热系数和遮阳系数采用核查计算书进行节能验收是比较实际的做法，计算方法应按照《建筑门窗玻璃幕墙热工计算规程》JGJ/T 151 的规定进行。进行幕墙的节能设计审查时，应该审查幕墙的节能计算书，而验收时则主要依据节能设计核对幕墙的节点构造。

5.2.5 在非透明幕墙中，幕墙保温材料的固定是否牢固，可以直接影响到节能的效果。如果固定不牢，容易造成部分部位无保温材料。另外，也可能影响彩釉玻璃一类外饰面板材料的安全。

保温材料的厚度越厚，保温隔热性能就越好，所以厚度应不小于设计值。由于幕墙保温材料一般比较松散，采取针插法即可检测厚度。有些板材比较硬，可采用剖开法检测厚度。

5.2.6 幕墙的遮阳设施若要满足节能的要求，一般应该安置在室外。由于对太阳光的遮挡是按照太阳的高度和方位角来设计的，所以遮阳设施的安装位置对于遮阳而言非常重要。只有安装在合适位置、尺寸合适的遮阳装置,才能满足节能的设计要求。

由于遮阳设施一般安装在室外,而且是突出建筑物的构件,很容易受到风荷载的作用。遮阳设施的抗风问题在遮阳设施的应用中一直是热门问题,我国的《建筑结构荷载规范》GB 50009 对这个问题没有很明确的规定。在工程中,大型遮阳设施的抗风往往需要进行专门的研究。在目前普遍采用外墙外保温的情况下,活动外遮阳设施的固定往往成了难以解决的问题。所以,在设计安装遮阳设施的时候应考虑到各个方面的因素,合理设计,牢固安装。

5.2.7 幕墙工程热桥部位的隔断热桥措施是幕墙节能设计的重要内容,在完成了幕墙面板中部的传热系数和遮阳系数设计的情况下,隔断热桥则成为主要矛盾。这些节点设计如果不理想,首要的问题是容易引起结露。如果大面积的热桥问题处理不当,则会增大幕墙的传热系数,使得通过幕墙的热损耗大大增加。判断隔断热桥措施是否可靠,主要是看固体的传热路径是否被有效隔断,这些路径包括:通过型材截面,通过幕墙的连接件,通过螺丝等紧固件、中空玻璃边缘的间隔条等。

型材截面的断热节点主要是通过采用隔热型材或隔热垫来实现的,其安全性取决于型材的隔热条、发泡材料或连接紧固件。通过幕墙连接件、螺丝等紧固件的热桥则需要进行转换连接的方式,通过一个尼龙件(或类似材料制作的附件)进行连接的转换,隔断固体的热传递路径。由于这些转换连接都增加了一个连接，其是否牢固则成为安全隐患问题，应进行相关的检查和确认。

5.2.8 非透明幕墙的隔汽层是为了避免幕墙部位内部结露，结露的水很容易使保温材料发生性状的改变，如果结冰，则问题更加严重。如果非透明幕墙保温层的隔汽性好，幕墙与室内侧墙体之间的空间内就不会有凝结水。为了实现这个目标，隔汽层必须完整，必须设在保温材料靠近水蒸气压较高的一侧（冬季为室内）。如果隔汽层放错了位置，不但起不到隔汽作用，反而有可能使结露加剧。一般冬季比较容易结露，所以隔汽层应放在保温材料靠近室内的一侧。

幕墙的非透明部分常常有许多需要穿透隔汽层的部件，如连接件等。对这些节点构造采取密封措施很重要，以保证隔汽层的完整。

5.2.9 幕墙式建筑基层墙体内部空腔及建筑幕墙与基层墙体、窗间墙、窗槛墙及裙墙之间的空间，应在每层楼板处采用防火封堵材料封堵。当设置防火隔离带时，防火隔离带与墙面应进行全面积粘贴并应增加锚固。应观察检查。

5.2.10 通风面积、通风通道等直接关系到幕墙通风的通风量，所以应该满足设计的要求。

5.2.11 幕墙的凝结水收集和排放构造是为了避免幕墙结露的水渗漏到室内，让室内的装饰发霉、变色、腐烂等。为了确保凝结水不破坏室内的装饰，不影响室内环境，凝结水收集、排放系统应该发挥有效的作用。为了验证凝结水的收集和排放，可以进行一定的试验。

5.3 一般项目

5.3.1 镀（贴）膜玻璃在节能方面有两方面的作用，一是遮阳，二是降低传热系数。镀（贴）膜玻璃根据其作用机理可分为热反射镀（贴）膜玻璃和低辐射镀（贴）膜玻璃。对于热反射镀（贴）膜玻璃，镀膜可以反射阳光或吸收阳光，所以镀膜一般应放在靠近室外的玻璃上。而低辐射镀(贴)膜玻璃(Low-E玻璃)有较低的辐射率，且其膜层强度较差，为了避免镀膜层的老化，镀膜面一般在中空玻璃内部。

目前制作中空玻璃一般均应采用双道密封。因为一般来说密封胶的水蒸气渗透阻还不足以保证中空玻璃内部空气干燥，需要再加一道丁基胶密封。有些暖边间隔条将密封和间隔两个功能置于一身，本身的密封效果很好，可以不受此限制，实际上这样的间隔条本身就有双道密封的效果。

为了保证中空玻璃在长途（尤其是海拔高度、温度相差悬殊）运输过程中不至于损坏，或者保证中空玻璃不至于因生产环境和使用环境相差甚远而出现损坏或变形，许多中空玻璃设有均压管。在玻璃安装完成之后，为了确保中空玻璃的密封，均压管应进行密封处理。

5.3.2 单元式幕墙板块是在工厂内组装完成运送到现场的。运送到现场的单元板块一般都将密封条、保温材料、隔汽层、凝结水收集装置安装好了，所以幕墙板块到现场后应对这些安装好的部分进行检查验收。

5.3.3 幕墙周边与墙体接缝部位虽然不是幕墙能耗的主要

部位，但处理不好，也会大大影响幕墙的节能。由于幕墙边缘一般都是金属边框，所以存在热桥问题，应采用弹性闭孔材料填充饱满。另外，幕墙有水密性要求，所以应采用耐候胶进行密封。

幕墙的构造缝、沉降缝、热桥部位、断热节点等处理不好，也会影响到幕墙的节能和结露。这些部位主要是要解决好密封问题和热桥问题，密封问题对于冬季节能非常重要，热桥则容易引起结露。

5.3.4 活动遮阳设施的调节机构是保证活动遮阳设施发挥作用的重要部件。这些部件应灵活，能够将遮阳板等调节到位。

6 门窗节能工程

6.1 一般规定

6.1.1 与围护结构节能密切相关的门窗主要是与室外空气接触的门窗，包括普通门窗、凸窗、天窗、倾斜窗以及不封闭阳台的门联窗。这些建筑节能门窗的工程质量验收，均在本章做出了明确规定。

6.1.2 《四川省建筑门窗节能性能标识工作暂行管理办法》（川建勘设科发〔2011〕173号）第十八条规定："从2012年1月1日起，新建居住建筑和公共建筑、既有建筑节能改造中须采用符合设计要求的具有标识的门窗产品，在其工程竣工验收时，检查门窗节能性能标识的实施。"

门窗的外观、品种、规格及附件等均与节能性能和门窗的质量有关，所以应进行检查验收，并对质量证明文件进行核查。

6.1.3 规定施工检查内容，包括安装、缝隙状况，保温材料填充等隐蔽工程验收。强调门窗框与墙体安装缝隙影响节能效果，必须处理好。

6.1.4 铝合金隔热型材、钢隔热型材在门窗工程中已经得到广泛应用。但由于涉及安全，型材的力学性能非常重要。型材的力学性能主要包括抗剪强度和横向抗拉强度等。

6.2 主控项目

6.2.1 建筑外门窗的品种、型号规格、开启方式、玻璃配置、断热桥状况等应符合设计要求和相关标准的规定,这是基本要求,应该完全执行。

门窗包含了型材和玻璃两大部分,并用五金配件装配而成。按窗框厚度分为 50 系列、60 系列、70 系列等;按开启方式分为外平开、内平开、推拉、上悬、下悬等。

型材品种分为塑料型材、隔热铝合金型材、木型材、铝木复合型材等;玻璃品种分为普通透明玻璃、低辐射镀膜玻璃、阳光控制镀膜玻璃等。镀膜玻璃应有生产厂家及相应的膜号。

6.2.2 本条为强制性条文,必须严格执行。建筑外门窗的气密性、保温性能、中空玻璃露点、玻璃遮阳系数和可见光透射比都是重要的节能指标,所以应符合强制的要求。

现四川省内已有多家企业建筑门窗产品获得了建筑门窗节能性能标识证书。因在建筑门窗节能性标识申请和审查时,进行了测试和模拟计算,标识窗节能性能指标是可信的。验收时只需复验玻璃的性能指标,并对照标识证书及报告,核对相关的材料、附件和节点构造。

门窗产品的复验时抽取样品应具有工程代表性,当框传热系数大于配置的玻璃系统传热系数(如铝合金窗、隔热铝合金窗配置中空玻璃)时,应抽框窗面积比较大的样品;当框传热系数小于配置的玻璃系统传热系数时,则抽框窗面积比较小的样品。样品尺寸宜在 900mm×900mm~1800mm×1800mm 区间选取,且应有开启部分。

玻璃抽样宜直接抽取门窗上的玻璃进行测量，条件不具备时也可以采取专门制作样品，与门窗玻璃进行核对后送实验室检测。

采用分光光度计测量玻璃的透射光谱和表面的反射光谱，采用光谱仪测玻璃表面的半球发射率，波长范围均应该满足《建筑门窗玻璃幕墙热工计算规程》的计算要求，再按《建筑门窗玻璃幕墙热工计算规程》计算玻璃系统的传热系数、遮阳系数和可见光透射比。

在项目工程建筑节能设计中，如只明确了外窗综合遮阳系数要求，而无玻璃的遮阳系数、可见光投射比要求时，验收时可按外窗综合遮阳系数等于外窗遮阳系数，并按下式计算：

外窗遮阳系数=玻璃遮阳系数×（1-框窗面积比）

外窗可见光透射比=玻璃可见光透射比×（1-框窗面积比）
其中，塑料窗或木窗的框窗面积比可取 0.30，铝合金窗或隔热铝合金窗的框窗面积比可取 0.20。

6.2.3 金属门窗的隔热措施非常重要，直接关系到传热系数的大小。金属框的隔断热桥措施一般采用穿条式隔热型材、注胶式隔热型材，也有部分采用连接点断热措施。验收时应检查金属外门窗隔断热桥措施是否符合设计要求和产品标准的规定。如隔热条宽度有 12mm、14.8mm、25mm、35mm 等，隔热条形状有 I 型条、T 型条、C 型条、CT 型条、CG 型条、空心条等。

有些金属门窗采用先安装副框的干法安装方法。这种方法因可以在土建基本施工完成后安装门窗，因而门窗的外观质量得到了很好的保护。但金属副框经常会形成新的热桥，应该引起足够的重视。这里要求金属副框的隔热措施效果优于门窗型材所采取的措施效果。

6.2.4 严寒、寒冷、夏热冬冷地区的建筑外窗，密封性能非常重要，为了保证应用到工程的产品质量，本规程要求对外窗的气密性能做现场实体检验。取得门窗节能性能标识的产品在标识时进行了严格的测试，其性能是真实可靠的。验收时只需要对照标识证书核对相关的材料、附件、节点构造，不必再进行产品的气密性能现场实体检验。

6.2.5 外门窗框与副框之间以及门窗框或副框与洞口之间间隙的密封也是影响建筑节能的一个重要因素，控制不好，容易导致渗水，形成热桥，所以应该对缝隙的填充进行检查。

6.2.6 严寒、寒冷地区的外门节能也很重要，设计中一般均会采取保温、密封等节能措施。由于外门一般不多，而往往又不容易做好，因而要求全数检查。

6.2.7 在夏季炎热的地区应用外窗遮阳设施是很好的节能措施。遮阳设施的性能主要是其遮挡阳光的能力，这与其尺寸、颜色、透光性能等均有很大关系，还与其调节能力有关，这些性能均应符合设计要求和产品标准指标。为保证达到遮阳设计要求，遮阳设施的安装位置应正确，应确保安装牢靠、开启方便、使用安全等要求。

由于遮阳设施安装在室外效果好，而目前在普遍采用外墙外保温，活动外遮阳设施的固定往往成了难以解决的问题。所以遮阳设施的牢固问题要引起重视。

6.2.8 特种门与节能有关的性能主要是密封性能和保温性能。对于人员出入频繁的门，其自动启闭、阻挡空气渗透的性能也很重要。另外，安装中采取的相应措施也非常重要，应按照设计要求施工。

6.2.9 天窗与节能有关的性能均与普通门窗类似。天窗的安装位置、坡度等均应正确，并保证封闭严密，不渗漏。

6.2.10 通风器是房间通风换气的装置，能改善室内的热环境和空气质量，其尺寸、通风量等性能应符合设计要求，以保证设计的通风量，达到改善环境的要求。通风器的安装位置应正确，以保证按照设计的通风路径和外观形象。由于门窗的通风器关闭后还要保证有一定的气密性，因此通风器与门窗型材间的密封应严密，开启装置应能顺畅开启和关闭。

6.3 一般项目

6.3.1 门窗扇和玻璃密封条的安装及性能对门窗节能有很大影响，使用中经常出现由于断裂、收缩、低温变硬等缺陷造成门窗渗水，气密性能差。

密封条质量应符合《塑料门窗密封条》GB/T 12002等标准的要求。密封条安装完整、位置正确、镶嵌牢固对于保证门窗的密封性能均很重要。关闭门窗时应保证密封条的接触严密，不脱槽。

6.3.2 镀（贴）膜玻璃在节能方面有两方面的作用，一是提高遮阳性能，二是降低传热性能。膜层位置与门窗节能性能和中空玻璃的耐久性均有关。

为了保证中空玻璃在长途运输过程中不至于损坏，或者保证中空玻璃不至于因生产环境和使用环境相差甚远而出现损坏或变形，许多中空玻璃设有均压管。在玻璃安装完成之后，均压管应进行密封处理，从而确保中空玻璃的密封性能。

6.3.3 活动遮阳设施的调节机构是保证活动遮阳设施发挥作用的重要部件。这些部件应灵活，能够将遮阳构件调节到位。

7 屋面节能工程

7.1 一般规定

7.1.1 本条规定了建筑屋面节能工程验收适用范围，包括采用松散、现浇、喷涂、板材及块材等保温隔热材料施工的平屋面、坡屋面、倒置式屋面、架空屋面、种植屋面、蓄水屋面、采光屋面等。

7.1.2 本条对屋面保温隔热工程施工条件提出了明确的要求。要求敷设保温隔热层的基层质量必须达到合格，基层的质量不仅影响屋面工程质量，而且对保温隔热层的质量也有直接的影响，基层质量不合格，将无法保证保温隔热层质量。

7.1.3 本条对影响屋面保温隔热效果的隐蔽部位提出隐蔽工程验收要求。主要包括：基层；保温层的敷设方式、厚度及缝隙填充质量；屋面热桥部位；隔汽层。因为这些部位被后道工序隐蔽覆盖后无法检查和处理，因此在被隐蔽覆盖前必须进行验收，只有合格后才能进行后续施工。

7.1.4 屋面保温隔热层施工完成后的防潮处理非常重要，特别是易吸潮的保温隔热材料。因为保温材料受潮后，其孔隙中存在水蒸气和水，而水的导热系数（$\lambda=0.5$）比静态空气的导热系数（$\lambda=0.02$）要大 20 多倍，因此材料的导热系数也必然增大。若材料孔隙中的水分受冻成冰，冰的导热系数（$\lambda=2.0$）相当于水的导热系数的 4 倍，则材料的导热系数更大。

研究表明，当材料的含水率增加 1%时，其导热系数则相应增大 5%左右；而当材料的含水率从干燥状态（$w=0$）增加到20%时，其导热系数则几乎增大一倍。还需特别指出的是：材料在干燥状态下，其导热系数是随着温度的降低而减少；而材料在潮湿状态下，当温度降到0°C以下，其中的水分冷却成冰，则材料的导热系数必然增大。

含水率对导热系数的影响颇大，特别是负温度下更使导热系数增大。为保证建筑物的保温效果，在保温隔热层施工完成后，应尽快进行防水层施工，在施工过程中应防止保温层受潮。

7.2 主控项目

7.2.1 本条规定屋面节能工程所用保温隔热材料的品种、规格应按设计要求和相关标准规定选择，不得随意改变其品种和规格。材料进场时通过目视、尺量、称重和核对其使用说明书、出厂合格证以及型式检验报告等方法进行检查，确保其品种、规格及相关技术性能参数符合设计要求。对找坡层材料、坡度及平均厚度应符合设计要求，并做好隐蔽工程记录。

7.2.2 本条为强制性条文，必须严格执行。在屋面保温隔热工程中，保温隔热材料的导热系数、密度或干密度指标直接影响到屋面保温隔热效果，抗压强度或压缩强度影响到保温隔热层的施工质量，燃烧性能是防止火灾隐患的重要条件，因此应对保温隔热材料的导热系数、密度或干密度、抗压强度或压缩强度及燃烧性能进行严格的控制，必须符合节能设计要求、产品标准要求以及相关施工技术标准要求。参照常规建筑工程材料进场验收办法，对进场的屋面保温隔热材料也由监理人员现场见证随机抽样送有资质的检测机构复验，复验内容主要包括保温隔热材料的导热系数、密度、抗压强度或压缩强度、燃烧性能，复验结果作为屋面保温隔热工程质量验收的一个依据。

复验报告必须是第三方见证取样，检验样品必须是按批量随机抽取。

7.2.3 影响屋面保温隔热效果的主要因素除了保温隔热材料的性能以外，另一重要因素是保温隔热材料的厚度、敷设方式以及热桥部位的处理等。在一般情况下，只要保温隔热材料的热工性能（导热系数、密度或干密度）和厚度、敷设方式均达到设计标准要求，其保温隔热效果也基本上能达到设计要求。因此，在本规范第 7.2.2 条按主控项目对保温隔热材料的热工性能进行控制外，本条还要求对保温隔热材料的厚度、敷设方式以及热桥部位也按主控项目进行验收。

检查方法：对于保温隔热层的敷设方式、缝隙填充质量和热桥部位采取观察检查，检查敷设的方式、位置、缝隙填充的方式是否正确，是否符合设计要求和国家有关标准要求。保温隔热层的厚度可采取钢针插入后用尺测量，也可采取将保温层切开用尺直接测量。具体采取哪种方法由验收人员根据实际情况选取。

7.2.4 影响架空隔热效果的主要因素有三个方面：一是架空层的高度、通风口的尺寸和架空通风安装方式；二是架空层材质的品质和架空层的完整性；三是架空层内应畅通，不得有杂物。因此在验收时一是检查架空层的形式，用尺测量架空层的高度及通风口的尺寸是否符合设计要求。二是检查架空层的完整性，不应断裂或损坏。如果使用了有断裂和露筋等缺陷的制品，日久后会使隔热层受到破坏，对隔热效果带来不良的影响。三是检查架空层内不得残留施工过程中的各种杂物，确保架空层内气流畅通。

7.2.5 本条要求在施工过程中要保证屋面隔汽层位置、完整性、严密性应符合设计要求。主要通过观察检查和核查隐蔽工程验收记录进行验证。

7.2.6 国家相关标准和规定对屋面防火也明确的要求，在验收过程中应按设计要求进行检查，检查构筑措施和进场复检报告是否符合设计要求。

7.2.7 在屋面内表面贴有铝箔封闭的空气间层，其保温效果主要与空气间层厚度和铝箔位置极其相关，因此必须保证空气间层厚度、铝箔位置应符合设计要求。

7.2.8 种植屋面适合于夏热冬冷地区，具有较好的隔热和绿化美化效果。在施工时防止渗漏是第一位的，必须按构造做法施工，保证其使用功能，同时要使植物种类、植物密度、覆盖面积符合设计要求。

7.3 一般项目

7.3.1 保温层的铺设应按本条文规定检查保温层施工质量，应保证表面平整、坡向正确、铺设牢固、缝隙严密，对现场配料的还要检查配料记录。

7.3.2 本条要求金属保温夹芯屋面板的安装应牢固，接口应严密，坡向应正确。检查方法是观察与尺量，应重点检查其接口的气密性和穿钉处的密封性，不得渗水。

8 地面节能工程

8.1 一般规定

8.1.1 本条所指建筑地面节能工程是包括采暖空调房间接触土壤的外墙、采暖房间的层间楼地面、采暖地下室与土壤接触的外墙、非采暖地下室顶面楼板、非采暖车库顶面楼板、接触室外空气或外挑楼板的地面。

8.1.2 除建筑地面保温隔热外，其他面层及功能施工与质量要求仍应符合现行相关国家标准的有关规定。如按《建筑地面工程施工质量验收规范》GB 50209中相关规定执行。

8.1.3 本条把基层质量验收合格作为地面敷设保温层施工的条件，则有利于对地面保温层施工质量的控制。

8.1.4 本条对影响地面保温效果的隐蔽部位提出隐蔽工程验收要求。主要包括：基层；保温层厚度；保温材料与基层的粘结强度。因为这些部位被后道工序隐蔽覆盖后无法检查和处理，因此在被隐蔽覆盖前必须进行验收，只有合格后才能进行后续施工。

8.1.5 本条参照《建筑地面工程施工质量验收规范》GB 50209的有关规定，给出了地面节能工程验收批划分的原则和方法，并对检验批抽查数量做出基本规定。

8.2 主控项目

8.2.1 本条规定地面节能工程所用保温材料的品种、规格应按设计要求和相关标准规定选择，不得随意改变其品种和规格。材料进场时通过目视、尺量、称重和核对其使用说明书、出厂合格证以及型式检验报告等方法进行检查，确保其品种、规格符合设计要求。

8.2.2 本条为强制性条文，必须严格执行。在地面保温工程中，保温材料的导热系数、密度或干密度指标直接影响到地面保温效果，抗压强度或压缩强度影响到保温层的施工质量，燃烧性能是防止火灾隐患的重要条件，因此应对保温材料的导热系数、密度或干密度、抗压强度或压缩强度及燃烧性能进行严格的控制，必须符合节能设计要求、产品标准要求以及相关施工技术标准要求。参照常规建筑工程材料进场验收办法，对进场的地面保温材料也由监理人员现场见证随机抽样送有资质的试验室对有关性能参数进行复验，复验结果作为地面保温工程质量验收的一个依据。复验报告必须是第三方见证取样，检验样品必须是按批量随机抽取。

8.2.3 为了保证施工质量，在进行地面保温施工前，应将基层处理好，基层应平整、清洁。

8.2.4 影响地面保温效果的主要因素除了保温材料的性能和厚度以外，另一重要因素是保温层、保护层等的设置和构造做法以及热桥部位的处理等。在一般情况下，只要保温材料的热工性能（导热系数、密度或干密度）和厚度、敷设方式均达到设计标准要求，其保温效果也基本上能达到设计要求。因此，除在本规范第 8.2.2 条按主控项目对保温材料的热工性能进行控制外，本条要求对保温层、保护层等的设置和构造做法以及热桥部位也按主控项目进行验收。

对于保温层的敷设方式、缝隙填充质量和热桥部位采取观察检查，检查敷设的方式、位置、缝隙填充的方式是否正确，是否符合设计要求和国家有关标准要求。保温层厚度可采用钢针插入后用尺测量，也可采用将保温层切开用尺直接测量。

8.2.5 地面节能工程的施工质量应符合本条的规定。在施工过程中，保温层与基层之间应粘结牢固、缝隙严密是非常必要的。特别是地下室（或车库）的顶板粘贴 XPS 板、EPS 板或粉刷胶粉聚苯颗粒时，虽然这些部位不同于建筑外墙那样有风荷载的作用，但由于顶板上部有活动荷载，会使其产生振动，从而引发脱落。在楼板下面粉刷浆料保温层时分层施工也是非常重要的，每层的厚度不应超过 20mm，如果过厚，由于自重力的作用在粉刷过程中容易产生空鼓和脱落。对于严寒、寒冷地区，穿越接触室外空气地面的各种金属类管道都是传热量很大的热桥，这些热桥部位除了对节能效果有一定的影响外，其热桥部位的周围还可能结露，影响使用功能，因此必须对其采取有效的措施进行处理。

8.3 一般项目

8.3.2 本条规定地面辐射供暖工程应按《辐射供暖供冷技术规程》JGJ 142 规定执行。

9 采暖、通风与空调节能工程

9.1 一般规定

9.1.1 本条明确了本章适用的范围。

根据目前国内室内采暖系统的热水温度现状,对本章的热水采暖系统的适用范围做出了规定。室内集中热水采暖系统包括散热设备、管道、保温、阀门、仪表及采暖热源系统(包括热源设备及其辅助设备和管道)。

通风系统是指包括风机、消声器、风口、风管、风阀等部件在内的整个送、排风系统。

空调系统包括空调风系统和空调水系统,前者是指包括空调末端设备、消声器、风管、风阀、风口等部件在内的整个空调送、回风系统;后者是指包含空调冷热源和其辅助设备与管道及室外管网在内的空调水系统。空调的冷热源系统,包括冷热源设备及其辅助设备(含冷却塔、水泵等)和管道。

9.1.2 本条给出了采暖、通风与空调系统节能工程验收的划分原则和方法。

采暖、通风与空调系统节能工程的验收,应根据工程的实际情况、结合本专业特点,分别按系统、楼层等进行。

采暖系统可以按每个热力入口作为一个检验批进行验收;对于垂直方向分区供暖的高层建筑采暖系统,可按照采暖系统不同的设计分区分别进行验收;对于系统大且层数多的工程,可以按几个楼层作为一个检验批进行验收。

空调冷(热)水系统的验收,一般应按系统分区进行;通风与空调的风系统可按风机或空调机组等所各自负担的风系统分别进行验收。对于系统大且层数多的空调冷（热）水系统及通风与空调的风系统工程，可分别按几个楼层作为一个检验批进行验收。

不同冷源或热源系统，应分别进行验收；室外管网应单独验收，不同的系统应分别进行。

9.1.3 监测和计量仪表是系统运行和能耗监督管理的重要器具，以往有些工程在竣工之前，部分仪表就已经失灵失效，本条文强调在施工验收中应该对监测和计量仪表予以重视，切实发挥仪表的监管作用。

9.2 主控项目

9.2.1 本条是对采暖、通风与空调系统所使用的设备、阀门、仪表、管材、管道、保温绝热材料等产品进场验收的规定，这种进场验收主要是根据设计要求对有关材料和设备的类型、材质、规格及外观等"可视质量"和技术资料进行检查验收，验收一般应由供货商、监理、施工单位的代表共同参加，并应经监理工程师（建设单位代表）核准，形成相应的验收记录。

由于进场验收只能核查材料和设备的外观质量，其内在质量则需由各种质量证明文件和技术资料加以证明。故进场验收的一项重要内容，是对材料和设备附带的质量证明文件和技术资料进行检查。这些文件和资料应符合国家现行有关标准和规定并应齐全，主要包括质量合格证明文件、说明书及相关性能检测报告。进口材料和设备还应按规定进行出入境商品检验合格证明。

9.2.2 本条为强制性条文，必须严格执行。采暖、通风与空调节能工程中散热器、风机盘管机组、水环热泵机组的用量较大，且其关键技术性能参数（如风机盘管机组的供冷量、供热量、风量、出口静压、噪声及功率等参数）是否符合设计要求，会直接影响采暖、通风与空调节能工程的节能效果和运行的可靠性。现实中调研测试也发现散热器、风机盘管机组、水环热泵机组性能参差不齐。因此本条文中将其设定为强制条文，强制要求散热器、风机盘管机组、水环热泵机组进场时，应对其热工等技术性能参数进行复验。复验应采取见证取样送检的方式，即在监理工程师或建设单位代表见证下，按照有关规定从施工现场随机抽取试样，送至有见证检测资质的检测机构进行检测，并应形成相应的复验报告。

9.2.3 采暖、通风与空调节能工程中保温（绝热）材料及管道的导热系数、密度、吸水率等技术性能参数是否符合设计要求，会直接影响采暖、通风与空调节能工程的运行及节能效果。因此，本条文规定在保温（绝热）材料及管道进场时，应对其热工等技术性能参数进行复验。复验应采取见证取样送检的方式，并应形成相应的复验报告。

9.2.4 采暖、通风与空调节能工程中组合式空调机组、柜式空调机组、新风机组、单元式空调机组、风机等设备的关键技术性能参数（如风量、出口静压及功率等参数）是否符合设计要求，会直接影响采暖、通风与空调节能工程的节能效果和运行的可靠性。因此，本条文规定在这些设备进场时，应对其关键技术性能参数进行复验。复验应采取现场检验的方式，并应形成相应的复验报告。

9.2.5 在采暖、通风与空调系统中，系统制式也就是管道的系统形式，是经过设计人员周密考虑而设计的，要求施工单位必须按照设计图纸进行施工。

设备、阀门以及仪表能否安装到位，直接影响采暖、通风与空调系统的节能效果，任何单位不得擅自增减和更换。

在实际工程中，温控装置经常被遮挡，水力平衡装置因安装空间狭小无法调节，有许多采暖、通风与空调系统的热力入口只有总开关阀门和旁通阀门，没有按照设计要求安装热计量装置、过滤器、压力表、温度计等入口装置；有的工程虽然安装了入口装置，但空间狭窄，过滤器和阀门无法操作、热计量装置、压力表、温度计等仪表很难观察读取。常常是采暖、通风与空调系统热力入口装置起不到过滤、热能计量及调节水力平衡等功能，从而达不到节能的目的。

本条还规定设有温度调控装置和热计量装置的采暖、通风与空调系统安装完毕后，应能实现设计要求的分室（区）温度调控和分栋、分区或分户（室）冷、热计量或分摊功能，这也是国家有关节能标准要求的。

本条文规定的空调冷（热）水系统应能实现设计要求的变流量或定流量运行，以及供热系统应能根据热负荷及室外温度变化实现设计要求的集中质调节、量调节或质-量调节相结合的运行，是空调与采暖系统最终达到节能目的的有效运行方式。为此，本条要求安装完毕的空调与供热工程，应能实现工程设计的节能运行方式。

9.2.6 目前对散热器的安装存在不少误区，常常会出现散热器规格、数量及安装方式与设计不符等情况，以致散热器的散热量不能达到设计要求或导致恒温阀不能正常工作，从而影响采暖系统的运行效果。另外，实验证明，散热器外表面涂刷非金属性涂料时，其散热量比涂刷金属性涂料时能增加10%左右。故本条文对此进行了强调和规定。

9.2.7 散热器恒温阀（又称温控阀、恒温器）安装在每组散热器的进水管上，它是一种自力式调节控制阀，用户可根据对室温高低的要求，调节并设定室温。散热器恒温阀阀头如果垂直安装或被散热器、窗帘或其他障碍物遮挡，恒温阀将不能真实反映出室内温度，也就不能及时调节进入散热器的水流量，从而达不到节能的目的。恒温阀应具有人工调节和设定室内温度的功能，并通过感应室温自动调节流经散热器的热水流量，实现室温自动恒定。对于安装在装饰罩内的恒温阀，则必须采用外置式传感器，传感器应设在能正确反映房间温度的位置。故本条文对此进行了强调和规定。

9.2.8 在低温热水辐射供暖系统的施工安装时，对无地下室（与土壤相邻）的一层地面，必须设绝热层，且绝热层下部必须设置防潮层。直接与室外空气相邻的楼板，必须设绝热层。地面辐射供暖系统绝热层采用聚苯乙烯泡沫塑料板时，其厚度不应小于表9.2.8-1规定的值；采用其他绝热材料时，可根据热阻相当的原则确定厚度。地面辐射供暖系统中采用的聚苯乙烯泡沫塑料主要热工技术指标应符合表9.2.8-2的规定。室内温控装置的传感器应安装在距地面1.4m的内墙面上（或与室内照明开关并排设置），并应避开阳光直射和发热设备，从而正确反映并控制房间温度。故本条文对此进行了强调和规定。

表 9.2.8-1 聚苯乙烯泡沫塑料板绝热层厚度（mm）

楼层之间楼板上的绝热层	20
与土壤或不采暖房间相邻的地板上的绝热层	30
与室外空气相邻的地板上的绝热层	40

表 9.2.8-2 聚苯乙烯泡沫塑料主要热工技术指标

项目	单位	性能指标
表观密度	kg/m³	≥20.0
导热系数	W/(m·K)	≤0.041
吸水率（体积分数）	—	≤4%（V/V）

9.2.9 在实际工程中，有很多采暖系统的热力入口只有系统阀门和旁通阀门，没有安装热计量装置、过滤器、压力表、温度计等入口装置；部分工程虽然安装了入口装置，但空间狭窄，过滤器和阀门无法操作，热计量装置、压力表、温度计等仪表很难观察读取。常常是采暖系统热力入口装置起不到过滤、热能计量及调节水力平衡等功能，从而达不到节能的目的。故本条文对此进行了强调，并作出规定。

9.2.10 制定本条的目的是保证通风与空调系统所用风管的质量以及风管系统安装的严密，减少因漏风和热桥作用等带来的能量损失，保证系统安全可靠地运行。

工程实践表明，许多通风与空调工程中的风管并没有严格按照设计和有关国家现行标准的要求去制作和安装，造成了风管品质差、断面积小、厚度薄等不良现象，且安装不严密、缺少防热桥措施，对系统安全可靠的运行和节能产生了不利的影响。

防热桥措施一般是在需要绝热的风管与金属支、吊架之间设置绝热衬垫（承压强度能满足管道重量的不燃、难燃硬质绝热材料或经防腐处理的木衬垫），其厚度不应小于绝热层厚度，宽度应大于支、吊架支承面的宽度。衬垫的表面应平整，衬垫与绝热材料间应填实无空隙；复合风管及需要绝热的非金属风管的连接和内部支撑加固处的热桥，通过外部敷设的符合设计要求的绝热层就可防止产生。

9.2.11 本条文对组合式空调机组、柜式空调机组、新风机组、单元式空调机组安装的验收质量做出了规定。

  1 组合式空调机组、柜式空调机组、单元式空调机组是空调系统中重要的末端设备，其规格、台数是否符合设计要求，将直接影响其能耗大小和空调场所的空调效果。事实证明，许多工程在安装过程中擅自更改了空调末端设备的台数，其后果是或因设备台数增多造成设备超重而给建筑物安全带来了隐患及能耗增大，或因设备台数减少及规格与设计不符等造成了空调效果不佳。因此，本条文对此进行了强调。

  2 本条文对各种空调机组的安装位置和方向的正确性提出了要求，并要求机组与风管、送风静压箱、回风箱的连接应严密可靠，其目的是减少管道交叉、方便施工、减少漏风量，进而保证工程质量、满足使用要求、降低能耗。

  3 一般大型空调机组由于体积大，不便于整体运输，常采用散装或组装功能段运至现场进行整体拼装的施工方法。由于加工质量和组装水平的不同，组装后机组的密封性能存在较大的差异，严重的漏风量不仅影响系统的使用功能，而且会增加能耗；同时，空调机组的漏风量测试也是工程设备验收的必要步骤之一。因此，现场组装的机组在安装完毕后，应进行漏风量的测试。

4 空气热交换器翅片在运输和安装过程中被破坏和沾染污物，会增加空气阻力，影响热交换效率，增加系统的能耗。本条文还对粗、中效过滤器的阻力参数做出要求，主要目的是对空气过滤器的初阻力有所控制，以保证节能要求。

9.2.12 风机盘管机组、多联式空调（热泵）机组、水环热泵机组是建筑物中常用的空调末端设备，其规格、台数及安装位置、高度和方向是否符合设计要求，将直接影响其能耗和空调场所的空调效果。事实表明，许多工程在安装过程中擅自更改了风机盘管机组、多联式空调（热泵）机组、水环热泵机组的设计规格、台数和安装位置、高度及方向，其后果是所采用的末端的耗电功率、风量、风压、冷量、热量等技术性能参数与设计不匹配，能耗增大，房间气流组织不合理，空调效果差，且安装维修不方便。因此，本条文对此进行了强调。

风机盘管机组、多联式空调（热泵）机组、水环热泵机组与风管、回风箱或风口的连接，在工程施工中常存在不到位、空缝或通过吊顶间接连接风口等不良现象，使直接送入房间的风量减少、风压降低、能耗增大、空气品质下降，最终影响了空调效果，故本条文对此进行了强调。

9.2.13 工程实践表明，空调机组或风机出口与风管系统不合理的连接，可能会造成风系统阻力的增大，进而引起风机性能急剧地变差；风机与风管连接时使空气在进出风机时尽可能均匀一致，且不要有方向或速度的突然变化，则可大大减少风系统的阻力，进而减小风机的全压和耗电功率。因此，本条文做出了风机的安装位置及出口方向应正确的规定。

9.2.14 本条文强调双向换气装置和排风热回收装置的规格、数量应符合设计要求，是为了保证对系统排风的热回收效率（全热和显热）不低于60%。条文要求其安装和进、排风口位置及接管等应正确，是为了防止功能失效和污浊的排风对系统的新风引起污染。

9.2.15、9.2.16 空调与采暖系统在建筑物中是能耗大户，而锅炉、热交换器、电机驱动压缩机的蒸汽压缩循环冷水（热泵）机组、蒸汽或热水型溴化锂吸收式冷水机组及直燃型溴化锂吸收式冷（温）水机组、冷却塔、冷热水循环水泵等设备又是空调与采暖系统中的主要设备，因其能耗量占整个空调与采暖系统总能耗量的大部分，其规格、数量是否符合设计要求，安装位置及管道连接是否合理、正确，将直接影响空调与采暖系统的总能耗及空调场所的空调效果。工程实践表明，许多工程在安装过程中，施工方未经设计人员同意，擅自改变了有关设备的规格、台数及安装位置，有的甚至将管道接错。其后果是或因设备台数增加而增大了设备的能耗，给设备的安装带来了不便，也给建筑物的安全带来了隐患；或因安装位置及管道连接不符合设计要求，加大了系统阻力，影响了设备的运行效率，增大了系统的能耗。因此，本条文对此进行了强调。

9.2.18 在冷热源及空调系统中设置自控阀门和仪表，是实现系统节能运行等的必要条件。当空调场所的空调负荷发生变化时，电动两通调节阀和电动两通阀，可以根据已设定的温度通过调节流经空调机组的水流量，使空调冷热水系统实现变流量的节能运行；水力平衡装置，可以通过对系统水力分布的调整与设定，保持系统的水力平衡，保证获得预期的空调和供热效果；冷（热）量计量装置是实现量化管理、节约能源的重要手段，按照用冷、热量的多少来计收空调和采暖费用，既公平合理，更有利于提高用户的节能意识。

工程实践表明，许多工程为了降低造价，不考虑日后的节能运行和减少运行费用等问题，未经设计人员同意，就擅自去掉一些自控阀门与仪表，或将自控阀门更换为不具备主动节能功能的手动阀门，或将平衡阀、冷（热）量计量装置去掉；有的工程虽然安装了自控阀门与仪表，但是其进、出口方向和安装位置却不符合产品及设计要求。这些不良做法，导致了空调与采暖系统无法进行节能运行和水力平衡及冷（热）量计量，能耗及运行费用大大增加。为避免上述现象的发生，9.2.17、9.2.18条对此进行了规定。

9.2.19、9.2.20 本条文对采暖、空调风、水系统管道及其部、配件保温（绝热）层和防潮层施工的基本质量要求作出了规定。保温（绝热）节能效果的好坏除了与保温（绝热）材料的材质、密度、导热系数、热阻等有着密切的关系外，还与保温（绝热）层的厚度有直接的关系。保温（绝热）层的厚度越大，热阻越大，管道的冷（热）损失也就越小，保温（绝热）节能效果就好。工程实践表明，许多空调工程因保温（绝热）层的厚度等不符合设计要求，而降低了保温（绝热）材料的热阻，导致保温（绝热）失败，浪费了大量的能源；另外，从防火的角度出发，保温（绝热）材料应尽量采用不燃的材料。但是，从我国目前生产保温（绝热）材料品种的构成，以及保温（绝热）材料的使用效果、性能等诸多条件来对比，难燃材料还有其相对的长处，在工程中还占有一定的比例。无论是国内还是国外，都发生过采暖空调工程中的保温（绝热）材料，因防火性能不符合设计要求被引燃后而造成恶果的案例。因此，本条文明确规定，风管和采暖空调水系统管道的保温（绝热）应采用不燃或难燃材料，其燃烧性能、材质、密度、导热系数、规格与厚度等应符合设计要求。

空调风管和冷热水管穿楼板和穿墙处的绝热层应连续不间断，均是为了保证绝热效果，以防止产生凝结水并导致能量损失；绝热层与穿楼板和穿墙处的套管之间采用不燃材料填实，不得有空隙，套管两端应进行密封封堵，这是出于防火和防水的考虑；空调风管系统部件的绝热结构应能单独拆卸且不得影响其操作功能，均是为了方便维修保养和运行管理。

9.2.21 在空调水系统的冷热水管道与支、吊架之间应设置绝热衬垫（承压强度能满足管道重量的不燃、难燃硬质绝热材料或经防腐处理的木衬垫），是防止产生冷桥作用而造成能量损失的重要措施。工程实践表明，许多空调工程的冷热水管道与支、吊架之间由于没有设置绝热衬垫，管道与支、吊架直接接触而形成了冷桥，导致了能量损失并且产生了凝结水。因此，本条对空调水系统的冷热水管道与支、吊架之间应设置绝热衬垫进行了强调，并对其设置要求和检查方法也作了说明。

9.2.22 保冷管道的绝热层外的隔汽层（防潮层）是防止结露、保证绝热效果的有效手段，保护层是用来保护隔汽层的（具有隔气性的闭孔绝热材料，可认为是隔汽层和保护层）。输送介质温度低于周围空气露点温度的管道,采用非闭孔绝热材料作绝热层而不设防潮层(隔汽层)和保护层或者虽然设了但不完整、有缝隙时,空气中的水蒸气就极易被暴露的非闭孔绝热材料吸收或从缝隙中流入绝热层而产生凝结水,使绝热材料的导热系数急剧增大,不但起不到绝热的作用,反而使绝热性能降低、冷量损失加大。因此,本条文要求非闭孔绝热材料的隔汽层(防潮层)和保护层必须完整,且封闭良好。

9.2.23 采暖、通风与空调节能工程安装完工后,为了达到系统正常运行和节能的预期目标,规定应进行冷、热源及其辅助设备、室内管道和室外管网系统、通风机和空调机组等设备的单机试运转和调试、系统的风量和水量平衡调试,且试运转和调试、冷热源机组能效及系统能效测试均应符合设计要求。

单机试运转及调试,是进行系统联合试运转及调试的先决条件,是一个较容易执行的项目。系统的联合试运转及调试,是指系统在有冷热负荷和冷热源的实际工况下的试运行和调试。联合试运转及调试结果应满足本规范表9.2.23的相关要求。当建筑物室为空调与采暖系统工程竣工不在空调制冷期或采暖期时,联合试运转及调试只能进行表9.2.24序号为2、3、5、6、7、8的6项内容。因此,施工单位和建设单位应在工程(保修)合同中进行约定,在具备冷热源条件后的第一个空调期或采暖期期间再进行联合试运转及调试,并补做本规范表9.2.23中序号1、4、9、10的4项内容。补做的联合试运转及调试报告,应报监理工程师(建设单位代表)签字确认,以补充完善验收资料。

各系统的联合试运转受到工程竣工时间、冷热源条件、室内外环境、建筑结构特性、系统设置、设备质量、运行状态、工程质量、调试人员技术水平和调试仪器等诸多条件的影响和制约，是一项技术性较强、很难不折不扣地执行的工作；但是，它又是非常重要、必须完成好的工程施工任务。对空调与采暖系统冷热源和辅助设备的单机试运转及调试和系统的联合试运转及调试的具体要求，可详见《通风与空调工程施工质量验收规范》GB 50243 及《通风与空调工程施工规范》GB 50738 的有关规定。

9.3 一般项目

9.3.1 本条文对空调与采暖系统的冷热源设备及其辅助设备、配件绝热施工的基本质量作出了规定。

9.3.2 本条文对空气风幕机的安装验收作出了规定。

空气风幕机的作用是通过其出风口送出具有一定风速的气流并形成一道风幕屏障，以阻挡由于室内外温差而引起的室内外冷（热）量交换，以此达到节能的目的。带有电热装置或能通过热媒加热送出热风的空气风幕机，被称作热空气幕。空气风幕机一般应安装在经常开启且不设门斗及前室外门的上方，并且宜采用由上向下的送风方式，出口风速应通过技术确定，一般不宜大于 6m/s。空气风幕机的台数，应保证其总长度略大于或等于外门的宽带。

实际工程中，经常发现安装的空气风幕机其规格和数量不符合设计要求，安装位置和方向也不正确。如：有的设计选型是热空气幕，但安装的却是一般的自然风空气风幕机；有的安装在内门的上方，起不到应有的作用；有的采用暗装，但却未设置回风口，无法保证出口风速；有的总长度小于外门的宽度，难以阻挡屏幛全部的室内外冷（热）量交换，节能效果不明显。为避免上述等不良现象的发生，本条文对此进行了强调。

9.3.3 本条文对变风量末端装置的安装验收作出了规定。

变风量末端装置是变风量空调系统的重要部件，其规格和技术性能参数是否符合设计要求、动作是否可靠，将直接关系到变风量空调系统能否正常运行和节能效果的好坏，最终影响空调效果，故此条文对此进行了强调。

10 太阳能光热系统节能工程

10.1 一般规定

10.1.1 本条明确了本章适用的范围。

10.1.2 本条给出了太阳能光热系统节能工程验收的划分原则和方法。

10.2 主控项目

10.2.1 本条是对太阳能光热系统所使用的集热设备、储热设备、辅助热源设备、换热器、水处理设备、水泵、电磁阀、阀门及仪表、管材、保温材料、电气及控制设备等产品进场验收的规定。

10.2.2 本条为强制性条文，必须严格执行。集热设备是太阳能光热系统的核心组成部分，其集热效率将直接影响太阳能光热系统的集热能力及长期稳定运行。设备入场抽检有利于控制太阳能光热系统的施工质量。太阳能光热系统所用绝热材料的导热系数、密度、吸水率等技术性能参数是否符合设计要求，会直接影响太阳能光热工程的节能效果和运行可靠性。因此，本条文规定在绝热材料进行时，应对其热工等技术性能参数进行复验。复验应采取见证取样送检的方式。

10.2.3 本条对太阳能光热系统的安装从系统形式、自控阀门和仪表、安全装置和设备、建筑主体连接的安全、运行安全等方面进行了规定。

10.2.4 集热器的规格、数量、安装方式及安装倾角和定位应严格按照设计要求进行，以保证集热系统集热量满足系统需要。

10.2.5 储水箱储存的是热水且其运行重量一般较大，因此必须对储水箱的产品质量及安装质量提出要求，以保证太阳能光热系统的健康、安全、可靠。储水箱与承重基础之间应牢靠固定；目前不乏采用钢板焊接的储水箱，因此，有必要对储水箱内外壁，特别是内壁的防腐提出要求，以保证人体健康，并能承受热水的最高温度和压力要求。

10.2.6 本条强调排气阀、安全阀的设置，以保证太阳能光热系统的长期正常运行。

10.2.7 本条对太阳能光热系统的管道敷设安装提出要求。

10.2.8 本条对太阳能光热系统管道水压试验的质量控制技术指标进行了规定。

10.2.9 本条为强制性条文，必须严格执行。如果单靠太阳能热水系统不能满足水温及水量的要求，可采用燃气、油、煤、电等当地常规的辅助能源加以补充。电加热制取热水效率低，存在高质低用、能耗巨大等问题，因此通常情况下不得采用电加热作辅助；当电力条件许可且只能采用辅助电加热时，为防止漏电伤人等情况的发生，必须加设保证使用安全的措施及装置。

10.2.10 太阳能系统管道保温直接影响到系统效率及太阳能保证率，本条强调管路应先进行检漏，后进行保温，且应按现行国家标准的要求保证保温质量。保温施工应符合现行国家标准《工业设备及管道绝热工程施工质量验收规范》GB 50185的有关规定。

10.2.11 本条为强制性条文，必须严格执行。太阳能系统的联合试运转与调试可将太阳能系统的工作点（如水力平衡及温度控制点）调节到最佳效率状态，对系统的节能与稳定运行至关重要，因此本条强调必须进行联合试运转与调试。太阳能热水采暖系统联合试运转和调试前：检查系统安装是否符合设计要求；将储水箱、集热器及管路内部冲洗干净。试运行时：给系统充填传热工质，全玻璃真空管热水系统应在无阳光照射的条件下充填传热工质；在系统处于工作条件下，对相关的部件进行调节或调试，保证各部件在设计要求的状态下工作；系统如果有管理员，应对其进行培训。

10.2.12 太阳能光热系统节能性能现场检验能客观地为太阳能光热系统的适用性、可靠性、节能性是否达到设计要求提供实测数据依据，有利于促使设计、施工、设备厂商等市场主体注重各环节的质量控制，为社会提供真正具有节能效果的可靠太阳能光热系统。

10.3 一般项目

10.3.1 保证干管和立管中的热水循环，可以避免用户在取得热水之前排放掉管路中的大量冷水，有利于节水。保证干管和立管中的供水压力平衡，使用户获得的水量满足设计要求。

10.3.2 太阳能热水系统与建筑应技术集成，并应根据建筑类型和使用要求合理确定太阳能热水系统在建筑中的位置。建筑设计根据确定的太阳能热水系统类型，确定集热器类型、安装面积、尺寸大小、安装位置与方式，明确储水箱容积重量、体积尺寸、给水排水设施的要求；了解连接管线走向；考虑辅助能源及辅助设施条件；明确太阳能热水系统各部分的相对关系。然后，合理安排确定太阳能热水系统各组成部分在建筑中的空间位置，并满足其他所在部位防水、排水等技术要求。建筑设计应为系统各部分的安全检修提供便利条件。太阳能热水系统与建筑一体化不仅包括建筑外观与色彩的协调美观，还包括在管路布置和系统运行上的协调便利。这就要求将太阳能技术与建筑设计综合考量，考虑建筑、结构、给排水和电气各专业的配合，对太阳能热水系统与建筑工程设计进行集成优化。

11 太阳能光伏节能工程

11.1 一般规定

11.1.1 本条明确了本章适用的范围。

11.1.2 本条给出了太阳能光伏系统节能工程验收的划分原则和方法。

11.2 主控项目

11.2.1 本条是对太阳能光伏系统所使用的光伏组件、汇流箱、电缆、并网逆变器、配电设备等产品进场验收的规定。

11.2.2 目前太阳能光伏系统的施工安装人员技术水平参差不齐，为规范光伏系统的施工安装，本条文强调光伏系统的形式、光伏组件、电线电缆、配电设备及控制设备、外观标识等应符合设计要求。

11.2.3 太阳能光伏系统的试运行与测试是对光伏系统的电气性能、安全性能、可靠性能的考验。严格进行试运行与测试，是保证光伏系统各部件产品满足国家标准中规定的电性能要求，保证光伏系统的各项技术性能中最重要的安全性能，同时具有防御各种异常条件的可靠的技术措施。

光伏系统所产电能应满足国家电能质量的指标要求，主要包括：

    1 10kV 及以下并网光伏系统正常运行时，与公共电网接口处电压允许偏差如下：三相为额定电压的 ±7%，单相为额定电压的+7%、-10%。

  2 并网光伏系统与公共电网同步运行，频率允许偏差为±0.5Hz。

  3 并网光伏系统的输出有较低的电压谐波畸变率和谐波电流含有率：总谐波电流含量小于功率调节器输出电流的5%。

  4 光伏系统并网运行时，逆变器向公共电网馈送的直流分量不超过其交流额定值的1%。

11.2.4 太阳能光伏系统节能性能现场检验能客观地为太阳能光伏系统的适用性、可靠性、节能性是否达到设计要求提供实测数据依据，有利于促使设计、施工、设备厂商等市场主体，注重各环节的质量控制，为社会提供真正具有节能效果的可靠太阳能光伏系统。

12 地源热泵换热系统节能工程

12.1 一般规定

12.1.1 本条明确了本章适用的范围。

12.1.2 本条给出了地源热泵换热系统节能工程验收的划分原则和方法。

12.2 主控项目

12.2.1 本条是对地源热泵换热系统所使用的管材、管件、热源井水泵、阀门、仪表及绝热材料等产品进场验收的规定，这种进场验收主要是根据设计要求对有关产品和设备的类型、材质、规格及外观等"可视质量"和技术资料进行检查验收，验收一般应由供货商、监理、施工单位的代表共同参加，并应经监理工程师（建设单位代表）核准，形成相应的验收记录。进场验收的另一项重要内容，是对材料和设备附带的质量证明文件和技术资料进行检查。这些文件和资料应符合国家现行有关标准和规定并应齐全，主要包括质量合格证明文件、说明书及相关性能检测报告。进口材料和设备还应按规定进行出入境商品检验合格证明。

12.2.2 地埋管换热系统管材是地埋管换热系统的核心组成部分，其深埋于地下，若损坏无法维修，其质量将直接影响地埋管换热系统的换热能力及长期稳定运行。材料入场抽检有利于控制地源热泵系统的施工质量，降低地源热泵系统失败的风险。目前，工程实践中地埋管换热系统埋管材料常用的为聚乙烯管材，其性能应满足《地源热泵系统用聚乙烯管材及管件》CJ/T 317 及设计要求；当采用其他管材时，其性能应满足设计要求。

地源热泵地埋管换热系统所用绝热材料的导热系数、密度、吸水率等技术性能参数是否符合设计要求，会直接影响采暖、空调工程的节能效果和运行可靠性。因此，本条文规定在绝热材料进行时，应对其热工等技术性能参数进行复验。复验应采取见证取样送检的方式。

12.2.3 本条对地源热泵地表水换热系统的施工质量控制技术指标进行了规定。近年来，很多地源热泵项目由施工单位或设备厂商进行设计，未经过正规的图审，有的项目技术方案选择不尽合理，造成地源热泵系统施工完毕不能达到预期的节能效果甚至不能正常运行，因此本条强调地源热泵系统工程在施工前应具备地表水换热系统勘察资料、设计文件和施工图纸，并完成施工组织设计。

12.2.4 本条对地源热泵污水换热系统的施工质量控制技术指标进行了规定。

12.2.5 本条文明确规定对开式地表水换热系统的水量及水质进行检测。地表水换热系统取水量及水质、水温是热泵系统能否正常运行的关键指标，取水量测试是为了检验系统的水量、水质等是否满足设计需要，是检验地表水换热系统安装质量的关键步骤。

12.2.6 本条文明确规定对闭式地表水换热系统进行水压试验和换热能力抽检。水压试验是检验系统管路是否泄漏的重要措施；换热能力抽检结果与设计值误差>5%时，应及时告知设计院作相应的设计变更，这是控制地表水源热泵系统能否成功的关键步骤，在工程还没有竣工时若检测出来换热系统不能满足系统需要，还有足够的补救时间及措施。当设计无相关参数时，应根据图纸换热器数量及冷热负荷换算其设计工况换热能力。

12.2.7 闭式地表水换热系统施工完毕后，为了达到系统正常运行和预期目标，规定必须进行换热系统的水力平衡调试。

12.2.8 本条对地源热泵地下水换热系统的施工质量控制技术指标进行了规定。

12.2.9 本条明确了地源热泵换热系统热源井的验收标准。

12.2.10 本条对抽水井与回灌井均应有成井竣工报告内容提出要求，以保证成井质量，有利于质量控制及追溯。

12.2.11 本条明确热源井洗井后应达到的质量要求，以保证抽水及回灌的水量、水质符合设计要求。

12.2.12 本条明确热源井洗井结束后应进行水文地质试验，以保证出水量、回灌水量符合设计要求。必要时，业主单位（监理单位）可组织水文地质专业专家，对水文地质试验进行单独验收。验收资料为换热系统验收的重要组成部分。

12.2.13 本条明确热源井在水文地质试验结束后应进行水质测定和含沙量测定，以保证水质、含沙量符合设计要求，保证换热系统的安全、稳定运行，同时保证不污染地下水环境。

12.2.14 一般地源热泵工程设计时施工单位尚未确定，不同的施工单位，施工工艺、回填材料及回填工艺、施工设备均有差别，因此在施工单位实际施工时，根据不同的工艺抽检其换热井的实际换热能力，并根据其具体数据进行设计调整对于保

证换热系统的长期稳定正常运行是非常必要的。测试孔个数应满足表 12.2.14 的要求:

表 12.2.14 测试孔个数

地埋管地源热泵系统应用建筑面积 F/m^2	$F<3000$	$3000 \leqslant F < 10000$	$F \geqslant 10000$
测试孔数量/个	≥0	≥1	≥2

12.2.15 本条为强制性条文,必须严格执行。近年来,国内有不少地源热泵系统实施失败,不仅不能达到预期节能效果甚至无法正常运行,经调查有相当部分工程因打井深度及回填材料和工艺远远达不到设计要求。这些项目有的是因为施工单位为节约成本偷工减料,有的是因为施工人员责任心不够而工程管理人员无足够的时间与技术手段监控。由于地埋管换热系统是核心隐蔽工程,投入运行后无法检验其是否符合设计要求,确保其施工质量的核心措施是在施工完毕尚未连接水平干管时由监理单位随机抽查埋管井进行换热能力检测,若埋管深度与回填工艺不满足设计要求,其检测数据将无法达到设计要求,若经分析是施工单位原因,则施工单位应补打足够的井或经设计院重新校核设计图纸增加辅助冷热源。

12.2.16 换热系统的水力平衡对充分发挥系统功能提高能效非常重要,因此室外换热系统施工完毕后,必须进行换热系统的水力平衡调试。

12.3 一般项目

12.3.1 本条规定水处理设备安装应预留足够的操作空间,以保证水处理设备的定期清淤排污处理及检修。

12.3.2 本条规定除U形弯头外不应有管件接头，以减少焊接等人为原因造成地下埋管的泄漏风险。

12.3.3 本条对地埋管施工完毕后的工作水压提出要求，以防发生意外泄压。如发现地埋管不正常泄压，应及时检查地埋管网泄漏点进行处理。

12.3.4 本条对地源热泵地埋管换热系统的水平干管管沟开挖及管沟回填的施工质量控制技术指标进行了规定。

13 配电与照明节能工程

13.1 一般规定

13.1.1 本条明确了本章适用的范围。

13.1.2 本条给出了配电与照明节能工程验收检验批的划分原则和方法。

13.1.3 本条给出了配电与照明节能工程验收的依据。

13.2 主控项目

13.2.1 本条是对配电与照明节能工程所使用的动力设备、电线电缆、照明光源、灯具及其附属装置等产品进场验收的规定，这种进场验收主要是根据设计要求对有关产品和设备的类型、材质、规格及外观等"可视质量"和技术资料进行检查验收，验收一般应由供货商、监理、施工单位的代表共同参加，并应经监理工程师（建设单位代表）核准，形成相应的验收记录。

由于进场验收只能核查产品和设备的外观质量，其内在质量则需由各种质量证明文件和技术资料加以证明。故进场验收的一项重要内容，是对产品和设备附带的质量证明文件和相关技术资料进行检查。这些文件和资料应符合国家现行有关标准和规定并应齐全，主要包括质量合格证明文件、说明书及相关性能检测报告。进口产品和设备还应按规定进行出入境商品检验合格证明。

13.2.2 本条为强制性条文，必须严格执行。选择高效的照明光源、灯具及其附属装置直接关系到建筑照明系统的节能效果。如室内灯具效率的检测方法依据《室内灯具光度测试》GB/T 9467 进行，道路灯具、投光灯具的检测方法依据其各自标准 GB/T 9468 和 GB/T 70002 进行。各种镇流器的谐波含量检测依据《低压电气及电子设备发出的谐波电流限值（设备每相输入电流≤16A）》GB 17625.1 进行，各种镇流器的自身功耗检测依据各自的性能标准进行，如管形荧光灯用交流电子镇流器应依据《管形荧光灯用交流镇流器性能要求》GB/T 15144 进行，气体放电灯的整体功率因数检测依据国家相关标准进行。生产厂家应提供以上数据的性能检测报告。

13.2.3 工程中使用伪劣电线电缆会造成发热，造成极大的安全隐患，同时增加线路损耗。为加强对建筑电气中使用的电线和电缆的质量控制，工程中使用的电线和电缆进场时均应进行抽样送检。相同材料、截面导体和相同芯数为同规格，如 VV3*185 与 YJV3*185 为同规格，BV6.0 与 BVV6.0 为同规格。

13.3 一般项目

13.3.1 加强对母线压接头的质量控制，避免由于压接头的加工质量问题而产生局部接触电阻增加，从而造成发热，增加损耗。母线搭接螺栓的拧紧力矩如表 13.3.1 所列。

表 13.3.1 母线搭接螺栓的拧紧力矩

序号	螺栓规格	力矩值（N·m）
1	M8	8.8～10.8
2	M10	17.7～22.6
3	M12	31.4～39.2
4	M14	51.0～60.8
5	M16	78.5～98.1
6	M18	98.0～127.4
7	M20	156.9～196.2
8	M24	274.6～343.2

13.3.2 交流单相或三相单芯电缆如果并排敷设或用铁质卡箍固定会形成铁磁回路，造成电缆发热，增加损耗并形成安全隐患。

13.3.3 电流各相负载不均衡会影响照明器具的发光效率和使用寿命，造成电能损耗和资源浪费。检查方法中的试运行不是带载运行，应该是在所有照明灯具全部投入的情况下用功率表测量。

14 监测与控制节能工程

14.1 一般规定

14.1.1 本条文规定了本章的适用范围。

14.1.4 工程实施过程检查可直接采用智能建筑子分部工程中"建筑设备监控系统"的检测结果。

14.1.5 本条列出了与建筑节能关系密切的系统检测项目。

14.1.6 因为空调、采暖为季节性运行设备,有时在工程验收阶段无法进行不间断试运行,只能通过模拟检测对其功能和性能进行测试。具体测试应按施工单位提交施工验收大纲进行。

14.2 主控项目

14.2.1 设备材料的进场检查应执行《智能建筑工程质量验收规范》GB 50339 和本规范 3.2 节的有关规定。

14.2.2 监测与控制系统的现场仪表安装质量对监测与控制系统的功能发挥和系统节能运行影响较大,本条要求对现场仪表的安装质量进行重点检查。

14.2.7 在试运行中,对各监控回路分别进行自动控制投入、自动控制稳定性、监测控制各项功能、系统联锁和各种故障报警试验,调用计算机内的全部试运行历史数据,通过查阅现场试运行记录和对试运行历史数据分析,确定监控系统是否符合设计要求。

14.2.8 验收时,冷热源、空调水系统因无法进行不间断试运行时，按此条规定执行。黑盒法是一种系统检测方法，这种检测方法不涉及内部过程，只要求规定的输入得到预定的输出。

14.2.9 验收时，通风与空调系统因季节原因无法进行不间断试运行时，按此条规定执行。

14.2.10 计量与监测仪表的准确性对系统的高效与可靠运行极重要，因此应对监测与控制系统联网的监测与计量仪表进行比对校准。

14.2.11 当供配电的监测与控制系统联网时，应满足本条所提出的功能要求。

14.2.12 照明供配电的监测与控制系统联网时，应满足本条所提出的功能要求。

14.2.13 综合控制系统的功能包括建筑能源系统的协调控制及采暖、通风与空调系统的优化监控。

1 建筑能源系统的协调控制是指将整个建筑物看成一个能源系统，综合考虑建筑物中的所有耗能设备和系统，包括建筑物内的人员，以建筑物中的环境要求为目标，实现所有建筑设备的协调控制，使所有设备和系统在不同的运行工况下尽可能高效运行，实现节能的目标。因涉及建筑物内的多种系统之间的协调动作，故称之为协调控制。

2 采暖、通风与空调系统的优化监控是根据建筑环境的需求，合理控制系统中的各种设备，使其尽可能运行在设备的高效率区内，实现节能运行。如时间表控制、一次泵变流量控制等控制策略。

3 人为输入的数据可以是通过仿真模拟系统产生的数据，也可以是同类在运行建筑的历史数据。模拟测试应由施工单位或系统供货厂商提出方案并执行测试。

14.2.14 根据《民用建筑节能条例》等相关法规的要求，监测与控制系统应设置建筑能源管理系统，以保证建筑设备通过优化运行、维护、管理实现节能。建筑能源管理按时间（月或年），根据检测、计量和计算的数据，作出统计分析，绘制成图表；或按建筑内各分区或用户，或按建筑节能工程的不同系统，绘制能流图；用于指导管理者实现建筑的节能运行。

14.2.19 本条文规定了地源热泵系统监测与控制应符合、遵守的主控项目的内容。地源热泵系统由于其系统特性，检测与控制系统所采用的传感器、线管、线缆等通常安装于地表水、地下水或土壤中，为保证其正常工作，确保正常使用寿命，本条规定，所有设置于室外、地表水中、地下水中、土壤中的传感器、线管、线缆等均应有可靠的防水防腐蚀措施，确保其使用寿命满足要求。

14.3 一般项目

14.3.1 本条所列系统性能检测是实现采暖空调、供配电与照明、可再生能源建筑应用系统节能的重要保证。这部分检测内容一般已在建筑设备监控系统的验收中完成，进行建筑节能工程检测验收时，以复核已有的检测结果为主，故列为一般项目。

14.3.2 本条文对监控室设备布置及安装的基本质量要求作出了规定。

15 建筑节能工程现场检验

15.1 围护结构现场实体检验

15.1.1 建筑围护结构实体现场检测包括热工性能检测和安装质量检测。

围护结构的传热系数与建筑节能关系重大,在施工过程中虽然采取了各种质量控制手段,但是其节能效果到底如何仍难确认。一般认为,保温材料的种类、厚度达到设计规定的要求指标,围护结构传热系数达到节能设计要求。另一方面,传热系数现场检测受到检测条件的限制,如气候变化、太阳辐射强弱不同、围护结构现场施工条件制约,不能精确测出围护结构的热物理量指标,故不宜广泛采用。此外,现场检测成本太高。但若工程现场检测条件具备,建设工程各方必需检测时,也可现场检测,此时的检测方法、抽样数量等应在合同中约定或遵守另外的规定。

15.1.2 规定外墙保温构造现场实体检测的目的和方法。检测目的:确保保温材料的种类、保温层厚度、各层(包括饰面砖)相关粘结强度、锚固件设置与强度、构造做法等符合设计要求和施工方案要求。

15.1.3 采用保温砌块、预制构件、定型产品的现场实体建筑外墙,其主体部位的传热系数或热阻需要进行实验室或现场实体检测,验证建筑外墙主体部位的传热系数或热阻是否符合节能设计要求和国家有关标准的规定。若不能满足节能设计要求和国家有关标准的规定时，需采用辅助节能措施（如增设内保温系统或外保温系统等）来提高建筑外墙整体节能性。

15.1.4 规定外窗现场实体气密性检测的目的和方法。是对完成安装的外窗在其安装使用位置进行现场检测。检测方法按国家现行行业标准《建筑外窗气密、水密、抗风压性能现场检测方法》JG/T 211-2007 执行。检测目的是抽样验证建筑外窗气密性是否符合节能设计标准和相关标准要求。这项检测实际上是在进场验收合格基础上进行。检验外窗的安装（含组装）质量，能够有效防止"送检窗合格、工程用窗不合格"的行为。当外窗气密性出现不合格时，应当分析原因，进行返工处理，直至达到合格水平。

15.1.5 规定外墙节能构造、外窗气密性现场实体检测的数量。一种是合约规定，一种是本规程规定的最低数量。

15.1.6 规定外墙节能构造现场实体检测的实施单位、实施方法。允许施工方进行检测，但都必须在监督（建设）人员见证下实施，保证检测的公正性。

15.1.7 由于气密性检测较为复杂，需要一定的整套试验仪器设备，故本条规定承担外窗气密性现场实体检测单位的资质要求，同时应有监理（建设）人员见证抽样检测。

15.1.8 本条规定围护结构传热系数现场检测检测方法、抽样方法及检测单位资质要求。检测方法可参照《居住建筑节能检验标准》JGJ 132 和《四川省民用建筑节能检测评估标准》DBJ51/T 017 相关条文要求。外墙结构应计算外墙平均传热系数。抽样方法应根据设计图协商，各方合同约定。检测单位资质要求应按国家和地方相关文件规定执行。

15.1.9 本条规定了对现场实体检测结果不符合设计要求情况，应进一步检测的方法。首次检测不符合要求，显示节能工程质量可能存在问题。此时为了得出更为真实可靠的结论，应委托有资质的检测单位再次检验。为了增加抽样的代表性，规定应扩大一倍数量再次抽样。再次检验只需要对不符合要求的项目或参数检验，不必对已经符合要求的参数再次检验。如果再次检验仍然不符合要求时，则应给出"不符合要求"的结论。

考虑到建筑工程的特点，对于不符合要求的项目难以立即拆除返工，通常的做法是首先查找原因，对所造成的影响程度进行计算或评估，然后采取某些可行的技术措施予以弥补、修理或消除，这些措施有时还需要征得节能设计单位的同意。注意消除隐患后必须重新进行检测，合格后方可通过验收。

15.2 系统节能性能检测

15.2.1~15.2.4 给出了采暖、通风与空调、配电与照明、太阳能光热、太阳能光伏、地源热泵系统节能性能检测的主要项目及要求，并规定对这些项目节能性能的检测应由建设单位委托具有相应资质的第三方检测单位进行。所有的检测项目可以在工程合同中约定，必要时可增加其他检测项目。另外，表15.2.2中序号为1、2、3、4、5、6、7、8、9的检测项目也是本规程第9.2.23条规定的室内采暖、通风与空调系统所应进行的试运转及调试内容。太阳能光热系统保证率、太阳能光伏系统转化效率、地源热泵系统能效比、平均照度与照明功率密度是相关分项工程的核心系统节能指标，因此必须依据相关标准进行检测。为了保证工程节能效果，对于表 15.2.2 中所规定的某个检测项目，如果在工程竣工验收时可能会因受某种条件的限制（如采暖工程不在采暖期竣工或竣工时热源和室外管网工程还没有安装完毕等）而不能进行时，那么施工单位与建设单位应事先在工程（保修）合同中对该检测项目作出延期补做试运转及调试的约定。

16 建筑节能分部工程质量验收

16.0.1 本条提出了建筑节能分部工程质量验收的条件，共有两个条件：第一，检验批、分项工程、子分部工程应全部验收合格；第二，应通过外窗气密性现场检测、围护结构墙体节能构造实体检测、系统功能检验和无生产负荷系统联合试运转与调试。

16.0.2 本条强调，建筑节能工程质量验收必须经施工单位和监理（建设）单位多环节检查验收，确保建筑节能工程质量。

16.0.3 本条明确了节能工程隐蔽工程、检验批、分项工程、分部工程验收的主持和参加单位人员，其规定与《建筑工程施工质量验收统一标准》GB 50300 基本一致。应注意，考虑到节能分部工程的重要性，在节能分部工程验收时，除施工单位相关人员参加外，还要求设计单位、主要节能材料供应商（分包单位）相关人员参加验收。具体参加验收的单位和人员包括：施工单位项目经理、项目技术负责人和质量负责人；设计单位项目负责人；外墙、屋面、门窗和幕墙等主要节能材料供应商（分包单位）项目负责人。

16.0.4 这条是对建筑节能工程检验批验收合格质量条件的基本规定，本条规定与《建筑工程施工质量验收统一标准》GB 50300 和各专业工程施工质量验收规范完全一致。应注意对于"一般项目"不能作为可有可无的验收内容,验收时应要求一般项目亦应"全部合格"。当发现不合格情况时,应进行返工修理。只有当难以修复时,对于采用计数检验的验收项目,才允许适当放宽,即至少有 90%以上的检查点合格即可通过验收,同时规定其余 10%的不合格点不得有"严重缺陷"。对"严重缺陷"可理解为明显影响了使用功能,造成功能上的缺陷或降低。完整的施工操作依据是指相应技术标准(国家、地方、行业或通过主管部门鉴定认可的企业标准)、设计文件、施工方案等。质量验收记录是指隐蔽工程等有关工序验收记录。

16.0.5 建筑自身节能潜力最重要的三个方面是:加强围护结构特别是门窗幕墙等的保温隔热性能,减少暖通空调冷热负荷的需求;提高采暖空调热水系统各环节(冷热源、输送环节、末端系统)及配电照明系统的运行效率;加强可再生能源在建筑中的应用。因此围护结构、建筑设备、可再生能源的系统节能性能检测与评估是建筑节能工程验收不可或缺的环节。建筑设备及可再生能源建筑应用工程包括供暖、通风与空调、配电与照明、太阳能光热、太阳能光伏、地源热泵工程,其系统节能性能所需要检测的基本参数项必须符合第 15.2.2 条的要求。

16.0.6 本条明确了建筑节能工程的重要性。建筑节能工程分部工程质量验收,除了应在各相关分项工程验收合格的基础上进行技术资料检查外,还增加了对主要节能构造、性能和功能的现场实体检测。另外，对于纳入能效测评范围的工程，还应进行节能竣工检测评估。

16.0.7 纳入能效测评范围的工程，应具备节能竣工检测评估报告。

16.0.8 建筑节能作为重要的分部工程，验收合格后，应形成建筑节能分部工程验收合格证明书，提交质量监督机构编入工程监督档案。